バイオパイラシー

グローバル化による生命と文化の略奪

Biopiracy

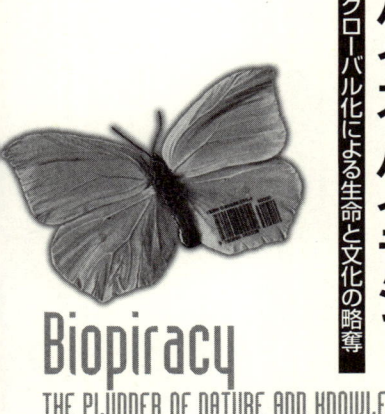

THE PLUNDER OF NATURE AND KNOWLEDGE

バンダナ・シバ 著
松本 丈二 訳

緑風出版

BIOPIRACY

The Plunder of Nature and Knowledge

by Vandana Shiva

Contents

バイオパイラシー
グローバル化による生命と文化の略奪
目次

Contents

目次

Introduction

Piracy Through Patents: The Second Coming of Columbus

特許戦略による略奪行為
：コロンブスの再来

Introduction

一四九二年四月一七日、イサベラ女王とフェルナンド王《訳注：近世的な集権国家の基礎を固めた統一イスパニア王国の女王と王》はクリストファー・コロンブス《訳注：アメリカ新大陸の「発見者」》に「発見と征服に関する特権」を与えた。その一年後の一四九三年五月四日、ローマ法王アレクサンデル六世《訳注：領土分配に関する教皇子午線を画した、ルネサンス期のローマ法王》は「寄贈に関するローマ法王教書」を公布した。この教書は、「ヨーロッパの西部と南部からインドにかけてすでに発見された、あるいはこれから発見される」島と大陸のうち、一四九二年のクリスマスの時点でまだキリスト教君主によって占領または所有されていないものをすべて、キリスト教君主であるカスティリャのイサベラ女王とアラゴンのフェルナンド王《訳注：両者の結婚によってカスティリャとアラゴンは統一イスパニア王国となる》に寄贈することを明言している。ウォルター・ウルマン《訳注：中世キリスト教世界の歴史研究者》が『中世の教皇主義』で述べているように、

ローマ法王は神の代理として、まるで自分の手で道具でもあやつるかのように世界を統率した。キリスト教徒に支持されたローマ法王は、世界を自分の意思に従って操るべ

き所有物であると考えたのだ。

ローマ法王から与えられた特権や特許は、植民地における略奪行為を「神聖な行為」にすりかえてしまう。植民化された人々や国々はローマ法王の直接の所有物となるのではなく、法王はそれを君主たちに「寄贈した」形になる。このようなキリスト教中心の法制度のため、ヨーロッパの支配者――キリスト教君主たち――は誰もが、「発見できれば、どこであっても、そこに住む人々がどのような信仰を持っていようとも」植民化しようという態度を示すようになった。当時の特権・特許には、キリスト教君主による「効果的な占領の原理、目的としている土地が「空白」であること、そして、「野蛮人」を文明化する「義務」などが要求されていた。

ローマ法王教書、コロンブスの特権、ヨーロッパ君主による特許が、非ヨーロッパ人を植民化し、さらには根絶するための法制度と道徳の基礎となったのである。そのことを如実に物語っているかのように、一四九二年に七二〇〇万人もいた南北アメリカ原住民は数世紀後には四〇〇万人にまで激減してしまった。

コロンブスから五〇〇年を経た現在、より世俗的な理由ではあるが、基本的には以前と同じ植民化計画が、特許と知的所有権という形をとって続けられている。ローマ法王教書は、「関税と貿易に関する一般協定（ガット）General Agreement on Tariffs and Trade（GATT）」《訳注：一九四八年に施行された、国際貿易における関税の障壁を打開するための国際協定》にすりかえられてしまった。キリスト教君主による効果的な占領の原理は、現代社会を操る国際企業による効果的な独占行為にすりかえられてしまった。「目的とした土地が空白であること」は、新しいバイオテクノロジーによって遺伝子操作された生命体や生物種が存在しないことにすりかえられてしまった。野蛮人をキリスト教徒として文明化する義務は、地域経済・国家経済をグローバル市場へと文明化し、非西洋型知識体系を商業化された西洋型科学技術体系へと文明化することにすりかえられてしまった。

他人の富を略奪することによって私有財産を作り出すという点で、五〇〇年前と同じままなのである。

「知的所有権の貿易関連の側面に関する協定（トリップ）Trade Related Intellectual Property Rights（TRIPs）」《訳注：特に生物に対する知的所有権や特許の保護の国際的な統一化の

ためにＧＡＴＴの一部として多国籍企業によって導入された最も新しい協定》に関して、ＧＡＴＴによる知的所有権の保護という形で国際企業が主張している自由の概念は、ヨーロッパの植民者が一四九二年以来主張してきた自由の概念そのものなのである。コロンブスが非ヨーロッパ人を征服するための特権をヨーロッパ人の自然権だとして行使したことが、その始まりである。ローマ法王からヨーロッパ君主を通して公布される土地所有権は、歴史上最初の特許として位置づけられる。植民者の自由は、その土地に住む真の権利を持つ原住民を奴隷化し・服従させることのうえに成り立つものであった。植民化された人々を「環境の一部」として定義し、原住民の人間性と自由を否定することによって、このような暴力的な行為は「自然」であると考えられたのである。

植民地政策と同じ略奪行為は、ヨーロッパ内でも囲い込み《訳注：共同で使用していた土地を垣根や溝で囲み、私有地として独立させること》という形で行なわれた。ジョン・ロック《訳注：『市民政府二論』を著わし、契約による政府の設立を解いた一七世紀後半のイギリスの哲学者・政治思想家》の所有権に関する学術論文は、囲い込みという略奪行為を効果的に合法化してしまった。ロックは明確に述べている。資本主義における発展の自由は「略奪する自由」であると。そして、私有財産は自然界から資源を採取し、労働力と混ぜあわせることによってつくられるとする。この「労働力」とは身体的なものではない。それは、資本を司る「神の見えざる手」として現われる「神聖な」形の労働力のことである。ロックによれば、資本を所有している者のみが、天然資源を所有する自然権――民間で古くから培われてきた共有権を剥奪する権利――を持つ。つまり、資本は、資本家にとっての自由の源泉であると定義される。資本は土地、森林、河川、生物多様性を私有財産化する自由の源泉なのである。それは同時に、資本家以外の民間の人々が伝統文化に従って土地、森林、河川、生物多様性を自由に使用することを否定するものであり、自分の身体的労働を資本として生きる人々の自由を否定するものでもある。私有財産を共有財産として民間の人々に返却することは資本家から自由を奪うことであると考えられるのである。つまり、資源の利用と権利の返還を要求する農民や先住民たちは、逆に略奪行為者であるとみなされてしまうのである。(1)

このようなヨーロッパ社会を中心とした私有財産と略奪の概念は、ＧＡＴＴと世界貿易機関 World Trade Organization（WTO）《訳注：世界経済の変化に対応するため、サービス業や知的所有権の分野も含めて、ＧＡＴＴを発展させる形で一九九五年に設立された、世界の自由貿易体制の維持と強化を目指す組織》においても、知的所有権に関する法律の枠組みとして機能している。ヨーロッパ人が非ヨーロッパ世界を最初に植民化したとき、「発見し、征服する」こと、「服従させ、占領し、所有する」ことが彼らの義務であると感じたのである。西洋の権力は、現在でも植民化の衝動で動いているように思われる。つまり、すべてを、すべての社会を、すべての文化を発見し、征服し、所有するという衝動が、西洋社会を駆動しているようである。西洋社会の「植民地」は、現在では、生命体の「遺伝情報」という生体内部空間へと延長されてしまった。ここでいう「生体内部空間」とは、微生物・植物・動物、そしてもちろん、ヒトの身体内の空間である。

ジョン・ムーアという患者のガン細胞は、彼の主治医によって特許化されている。一九九六年、米国を本拠地とするミリアッド製薬会社は、ガンの診断・検査法において独占権を得るために女性の乳ガン遺伝子を特許化した。パプアニューギニアのハガハイ族の細胞とパナマのグアミ族の細胞《訳注：これらの人々から単離され、培養技術によって継続して分裂させることができる細胞株》は米国商務省長官によって特許化されている。

一九九六年九月一七日に「経済機密活動取締法」が米国の法律となった結果として、知識の自然な発達と交換はもはや犯罪行為になってしまった。この法律は、米国の機密情報機関に世界中の人々の日常生活をも調査する権力を与えるものである。さらに、米国企業の知的所有権を国家安全保障の根幹であると宣言している。

「空白の土地」は植民化されなければならないという考え方は、今や、種子と薬用植物という「空白の生命」にまで広げられてしまった。先住民は土地を「改善」しないという理由から、過去に植民化という形で行なわれた資源の略奪は、正当化されてきたのである。一八六九年にジョン・ウィンスロップが述べているように、

ニューイングランド地方《訳注：マサチューセッツ州を中心とした米国東海岸地方》の原住民は土地を囲い込むこともせず、定住生活すらしないし、土地を改善するために家畜を飼うこともない。実際、ここには何もなく、この国に対する「自然権」すらない。彼らにとって必要な土地だけ残しておきさえすれば、我々はその他の土地を合法的に取り上げてもよいのである。(2)

これと同じ論理が、現在でも使われている。その用途が変わっただけである。現在では、非西洋社会の生物多様性を略奪することに使われているのである。その場合、世界各地の植物の種子、薬用植物、民間医療の知識などはすべて「環境の一部」と定義され、さらに、非科学的であると定義される。それによって、略奪行為が合法化・正当化されるからである。また、現在では、「改善」の判断基準として遺伝子操作技術が使われることも特徴である。過去には、キリスト教が唯一の正しい宗教であり、他のすべての信仰や宇宙観は原始的なものであるという定義がなされた。現在は、商業化された西洋科学が唯一の科学であり、他のすべての知識体系は原始的であると定義される。現在の科学技術を用いた資源略奪は過去の植民地政策の延長上にあると言わなければならない。

五〇〇年前、非キリスト教文化は、あらゆる主張と権利を十二分に否定された。コロンブスから五〇〇年後の現在、独自の世界観と多様な知識体系を持っている非西洋文化が、そのあらゆる主張と権利を再び否定されてしまうのはあまりにも悲惨である。過去には、非キリスト教徒は非人間として扱われた。現在では非キリスト教徒は非人間ではないかもしれないが、非知性人として扱われようとしている。一五世紀・一六世紀の特許では、征服された領地は誰も住んでいない「空白の土地」として扱われた。先住民は「物質的な対象」であり、「環境の一部」として扱われたのである。

「環境の一部」として征服するという行為と同じように、生物学的多様性は単なる「環境の一部」であると定義される。つまり、非西洋型知識体系が古来から築き上げてきた文化的かつ知的な共有財産は、西洋型知識体系によって着実に消去されつつあるのである。

今日の特許は、コロンブス、ジョン・カボット卿《訳注：大西洋を横断してアメリカ大陸に渡った最初のヨーロッパ人》、ハンフリー・ギルバート卿《訳注：ニューファンドランド島における植民地建設に努めた一六世紀のイギリスの軍人、航海者》、ウォルター・ローリー卿《訳注：多分野に優れた一六～一七世紀に活躍したイギリスの海洋探検家》に与えられた特許の延長上にあることは疑いない。ＧＡＴＴや生物体に与えられる特許、地域固有知識を特許化すること、遺伝子操作の導入などによって、闘争の原因となる様々な問題が表面化してしまった。これらはすべて、「コロンブスの再来」という言葉で象徴的にまとめることができる。

コロンブスの「発見」の核心にあるものは、自然権という概念である。自然権は植民者の権利とみなされた。そして、「自然権の施行」という形で行われれば、略奪行為は、植民化される者を解放するために必要であると解釈された。ＧＡＴＴとその特許法の核心もこれと同じである。生物略奪は西洋企業の自然権としてとらえられ、第三世界の「発展」のために必要であると解釈されるのである。

生物略奪は、コロンブスから五〇〇年後のコロンブス主義者の「発見」である。非西洋社会の人々に対する略奪行為を西洋社会の権利であるとして保護する手段、それが特許なのである。

現在、特許と遺伝子操作の導入によって、新しい植民地がつくられようとしている。大地、森林、河川、海洋、大気はすべて、すでに植民化され、浸食され、汚染されてしまった。資本は今や、さらなる蓄積を目指して、侵略すべき新しい植民地を探さなければならない。私の考えでは、これらの新しい植民地とは、女性の身体や動植物の生体内部空間である。生物略奪に反対することは、生命そのものの究極的な植民化に反対することである。つまり、生物進化ばかりでなく、自然界に関する古来からの伝統知識や自然とともに歩んできた非西洋伝統文化の未来のために、その植民化に反対することなのである。それは、多様な生物種が進化する自由を保護するための闘争である。多様な文化が進化する自由を保護するための闘争である。文化的多様性と生物学的多様性の両方ともを保護するための闘争なのである。

Chapter One
Knowledge, Creativity, and Intellectual Property Rights

知識・創造性・知的所有権

Chapter One

創造性とは何であろうか。現在、創造性をどのように定義するかは、生命特許論争の中心問題となっている。生命を対象とする特許は、自己組織化された自由の中で生殖・繁殖するという生命系に固有の創造性を私有物として囲い込むものである。つまり、女性、植物、そして、動物の体内の内部空間を囲いこむものである。さらに、公共的に作られた知識を私的な財産に変換することによって、知的創造性の自由な空間を囲い込むものである。生命体へ知的所有権を行使すれば、創造性は奨励・刺激されると一般的には考えられがちである。しかし、実際には、その正反対の影響力を持つ。生命体と知識の社会生産において本質的な役割を果たす創造性の息の根を止めてしまうのである。

多様な創造性

科学は、個人および集合的な人間の創造性の表現である。創造性は様々な方法で表現されるため、私は、科学を「様々な『知る方法』に言及する多元的な事業」であると考えている。私の考えでは、科学とは、現代西洋科学に限定されるものではなく、歴史上の様々な時期の多様な文化の知識体系を含むものである。

歴史学、哲学、社会学などにおける科学を対象とした最近の研究によると、「中立的な立場からの直接的な観察を基盤として理論を打ち立てる」という抽象的な科学的方法に則って科学は進められるのではないことが判明した。他のすべての分野と同じように、科学的な主張も立証主義者のモデルから出現するのではなく、ある前提とされるメタファーやパラダイム《訳注：確かな証拠もなく科学コミュニティー全体で信じられていることや、科学における人為的な思考範囲の限定》に身を投じている専門的な科学者コミュニティーから生じるということが、現在では認識されている。この前提とされるメタファーやパラダイムが、構成される用語や概念の意味だけでなく、観察や事実の地位をも決定するのである。

この科学に関する新しい説明は、科学がどのように実践されているかという事実に基礎を置いたものである。この説明に則れば、どのような意味でも、地域固有の非西洋科学の理論的主張と現代の西洋科学の理論的主張の間に差異はみられない。確かに、現在では非西洋社会においてすら、広範囲に実践されているものは非西洋科学ではなく、現代西洋科学であるという事実もある。しかし、それは文化の中立性に関係しているのではなく、非西洋社会が西洋社会の文化的・経済的支配下にあることに大きく関係しているのである。創造性の多様な伝統を認識することは、多様な知識体系を生きた形で維持するために必須である。このことは、生態系の破壊が激しく行なわれている時代には、特に重要である。生態系の知識と洞察力に関する情報源として最小単位であると言える「各地域固有の情報源」が、この地球上で人類社会が未来へ向かって生命を維持していくために必須な命綱となるかもしれないからである。

地域固有の知識体系は、概して生態環境と調和したものである。一方、現在の科学的知識として優遇されているモデルでは、還元主義と自然界の断片化がその特徴となっている。そのような方法論では、自然界の相互関係の複雑さを完全に説明することは困難である。この不適切さのために、生物体を取り扱う生命科学の領域において、最も重大な事態を招いてしまうことになる。

生命科学において「創造性」について語るとき、以下の三つのレベルの創造性を包含しなければならない。

(1) 自己を進化、生殖、再生させることができる、生物体に固有の創造性。
(2) 我々の地球の豊かな生物学的な多様性を保存しつつ使用するための知識体系を発展させた地域固有社会の創造性。
(3) 利潤を得るために生物体を使用する方法を発見した大学や企業の実験室で働く現代科学者の創造性。

このような多様な創造性を認識することは、生物多様性と知的多様性を保護していくうえで必須である。それは文化を問わず、また、大学関連の現場内でも必須のことである。

知的所有権と知的多様性の破壊

知的所有権は、知的創造性の育成を奨励し、その認識を促すためのものであると考えられている。しかし、知的所有権の脈絡の中では、「知識」と「創造性」が非常に狭い範囲で定義され、自然界の創造性と非西洋知識体系の創造性は無視されているのが現状である。

理論的には、知的所有権は、知的生産物への所有権である。どの場所に住む人でも、発明し、創造する。つまり、もし、知的所有権制度が、様々な社会の創造性と発明の源泉となっている知識伝統の多様性を反映しているのなら、それは多元的である必要があるであろう。同時に、所有と権利に関する知的方法も反映しなければならない。そして、それは、驚くほどの豊かな組み合わせを持つ創造性を評価する結果となるであろう。

「関税と貿易に関する一般協定（GATT）」や生物多様性条約のような世界的な綱領で現在議論されているように、知的所有権は、知識の単一化のための処方箋として使用される。これは、米国通商法の特殊三〇一条によっても一方的に課せられていることである。この知的所有権という道具は、米国の特許制度を世界的に適応するために使用されていることになる。それは、不可避的に、米国の特許制度以外の「知る方法」、利潤以外の目的のための知的創造、国家的な権利保護を要しない知識共有の方法などを米国の特許制度によって置き換えてしまうことにつながる。その結果、人類は知的虚弱化および文化的虚弱化へ向かって邁進することになるであろう。

GATTの最終条例である「知的所有権の貿易関連の側面に関する協定（TRIP）」は、

発明に関する非常に限定的な概念に基づいている。その定義から、国際企業に有利になるように、そして、一般的に一般庶民、特に第三世界の農民や森林生活者にとって不利になるように配慮されていることは否めない。

最初の限定は、共有権から私有権への変換である。ＴＲＩＰの序文で述べられているように、知的所有権は私有権としてのみ認識されている。これは、「知的共有地」――農夫の村、部族民の森、そして、科学者の大学でさえ、それに含まれる――において行なわれたすべての種類の知識、アイディア、発明を、権利の対象から排除することである。すなわち、ＴＲＩＰは知的共有物を私有化するしくみであり、一般市民社会の非知的化を促進するものである。人々は、法人による独占状態が当然のことであるという思考回路へと洗脳されるのである。

知的所有権の第二の限定は、社会的要請に答えるときではなく、知識や発明が利潤を生むときにのみ認識されることである。第二七条第一項によれば、知的所有権として発明が考慮されるためには、産業への応用が可能でなければならない。このことは、直ちに、産業のための組織の外で生産と発明に携わっているすべての領域を除外してしまう。利潤と資本の蓄積が、創造性の唯一の最終産物となってしまうのである。それ以外の社会的貢献はもはや認識されていない。営利企業の統制のもとでは、社会の非公式領域において小規模産業の「解体」が起こることになる。

自然界の創造性と他の文化の創造性を否定することで、その創造性が商業的利益のために搾取された場合でも、「知的所有権」は、知的窃盗と生物学的乗っ取りの別名として使われる。同時に、人々の慣習上の知識と資源への集合的な権利の主張は、「侵害」や「窃盗」へと変えられてしまう。

米国国際貿易委員会は、第三世界における知的所有権の保護が「弱い」ため、米国の産業は毎年一億ドルから三億ドルもの損失を被っていると主張している。[1]しかし、米国が商業目的で自由に使用している第三世界の生物多様性と知的伝統の価値を考慮すると、侵害に従事しているのは、インドのような国々ではなく、米国のほうである。

米国の多くの特許が、第三世界の生物多様性と知識を基礎としているものであっても、「知的所有権の保護なしでは創造性は埋もれたままになる」という誤った仮定が主張されている。ロバート・シャーウッド《訳注：『知的所有権と経済発展』を著し、発展途上国における資源の開発を経済発展の基礎として重視する経済学者》が述べているように、「どの国にとっても、人間の創造性は、莫大な国家の資源である。丘陵に埋もれている金塊のように、採取に従事しなければ、埋もれたままである。知的所有権保護は、その資源を開発するための道具である」[2]。

この創造性についての解釈は、正式な知的所有権保護制度が適切であるときにのみ主張されるものであって、自然界の創造性と、産業社会および非産業社会の両方における非営利目的で作られた創造性を完全に否定している。それは、伝統的文化と一般市民の発明への貢献の否定である。事実、現在優勢な知的所有権の解釈を社会に適応すると、創造性の理解において劇的な歪曲を生じさせ、その結果として、不平等と貧困の歴史に関する理解をも劇的にゆがめてしまうことになる。

裕福な産業化した国々と貧困な第三世界の国々の間に存在する経済的な不平等は、五〇〇年来の植民地主義とその継続的な維持、そして第三世界から先進国への富の流出を原因として発生する。国連開発計画によると、五〇〇億ドルが毎年援助という形で北部から南部へと流出するが、南部は債務の利子返済と貿易上の不平等な条件のために生産物に正当な価格をつけることができないため、毎年五〇〇〇億ドルを失う計算になる。知的所有権の擁護者は、国際経済システムの構造的な不平等が第三世界の貧困の根底にあることを無視して、貧困を創造性の欠如に起因するものであると説明する。そして、その理由は、知的所有権保護の欠如にその根幹があるとみなされる。

例えば、シャーウッドはその著書『知的所有権と経済発展』の中で、二つの話をとりあげている。一つは実話で、もう一つはかなり仮想的な話である。彼の言葉を借りれば、これらの話は効果的な知的所有権保護が存在する国と存在しない国の普通の人々の思考様式の対比を明確にするように意図されている。

米国のポンプ製造業者のあるセールスマンは、数年前、ニューヨーク州北部で著者の近隣に住んでいた人であった。顧客を訪れているうちに、ある種の圧力弁が便利であることに気がついた。彼の妻は懐疑的であったが、夜や週末の時間を割いて、そのような圧力弁を設計・応用し、その設計図に特許を取った。その人は、特許を持っていることなどを強みにして、自宅から第二の抵当を取り、後に銀行のローンを得た。彼は小さなビジネスを始め、一二人ほどの人々を雇い、その圧力弁は約二〇年後に他の種類の圧力弁に地位を奪われるまで、飛ぶように売れた。その人は、知的所有権の保護について深刻に考えたことは決してなかった。彼は単純に特許をとって、それによってビジネスを始められることが当然だと考えていた。

ペルーのリマに住む若いカルロス（様々な発展途上国を代表するの想像上の人物）は、トラックと乗用車のための溶接消音機の交換で貧弱な生活費を得ている。彼は消音機の取り付けを簡易にするためのクランプについて考案した。彼の妻は懐疑的であった。夜や週末の時間を割いてそのクランプを設計し発展させるべきであろうか。原型を作成するために、援助が必要であろう。金属細工業者である友人を誘うべきであろうか。金属と工具に資金が必要である。マットレスの下に貯めておいたお金を使うべきであろうか。彼の街のはずれに住む妹の夫に、バスに乗ってローンを頼みに行くべきであろうか。このような疑問への答は、知的所有権の保護が弱いために否定的な方向へと大きく傾いてしまう。彼の妻も義理の兄もカルロス自身も、知的所有権について十分に検討することなく、地域社会の常識から、彼のアイディアが無防備であり、他人によって奪われる可能性があるとわかっている。知的所有権の保護について深刻に考えなければならない状況にある。カルロスは自分のアイディアが保護されることは当然と思えないのである。

この話で、自分のアイディアが保護されるという確信が持てないため、カルロスが発明に関する決断の岐路に立つときに、あらゆる面から否定的な方向へと導かれてしまう。もしカルロスの話がその国全体を通して何倍にも拡大されたら、その国の機会損失は痛烈なものである。効果的な保護システムが現実になったとき、「知的な財産は価値あるものであり、保護されるものである」という確信が人々の間に成長するであろう。そのような状況で、知的所有権保護システムの核心にある、発明や創造の精神を持つ習慣が、人々の心の中に広がるであろう。[3]

知的所有権のイデオロギーの中核は、「人々は、知的所有権保護を通して利潤を得ることができ、それを保障することができるときのみ、人々は創造性を発揮する」という誤信である。これは、利潤目的で進められたのではない科学的創造性を否定することになる。さらに、それは伝統的な社会と現在の科学コミュニティーの創造性を否定する。伝統的な社会や科学コミュニティーでは、アイディアの自由な交換が創造性への重要な条件であり、決してその逆ではないのである。

自由交換の弊害としての特許

特許が実際に発明を促進するという証拠は、実質的にまったく存在しない。レオナルド・ライヒによる一九八五年の『米国の産業研究の発展』などの研究によると、特許は他企業の市場への侵入を阻害するために利用されていることが示唆されている。例えば、世界中の独立運営の種子会社の数は、ここ数十年の間に顕著に減少した。その背後には、部分的には、「植物の品種保護の拡張」と「米国裁判所が生物を対象とした実用的特許を拡張することに同意した」という事実がある。つまり、巨大な石油化学・製薬巨大企業が、種子市場に参入したためである。そのような数社による市場の独占は、発明の過程を促進するのではなく、遅延することがしばしばである。

産業的に発展した国々においてさえ、強力な特許システムの存在が経済発展の主要な理由になったことはない。一九七七年にC・T・テイラーとA・シルバーストンによって実施された「英国における四四の産業関連重要事項」に関する研究では、発明や革新の「早さと方向性」に与える特許のインパクトは、二次的な（基礎的でない）化学産業を除いて、全体として、検討されたすべての領域で極端なまでに小さいということが示された。

エドウィン・マンズフィールドは、一九八一年から一九八三年のデータをもとにして、米国の産業について研究した。一二の産業界を含む一〇〇の企業のランダム・サンプルをもとに、特許の保護は、電気製品、オフィス製品、自動車、計器、一次金属、ゴム、繊維業界のためには必須ではないことが示された。他の三つの産業（石油、機械、加工金属製品）では、特許の保護が、発明の約一〇％から二〇％の発展と導入に必須であると評価された。製薬・化学産業では、発明の八〇％において、特許が重要であると判断された。

このように、特許は、発明と創造性を促進する状況をつくり出すことに必要なものではない。特許は、市場管理の道具として重要なのである。事実、特許の存在は、科学者の間での自由な情報交換を阻害することになるため、科学コミュニティーの社会的創造性を蝕むことになる。

特許は知的所有権保護の中で最も強力な形態である。特許が科学的研究と関連がある場合、その結果は、常にコミュニケーションの閉鎖という形で現われる。一般的に信じられているように科学者が非常に開放的であるというのは神話にすぎないのだが、特許の保護を求める営利企業で働いている科学者によって科学的なコミュニケーションが断絶させられてしまうことが、科学コミュニティー全体にとって大きな脅威になりつつある。著名な分子生物学者であるエマニュエル・エプスタインは以下のように述べている。

過去には、共同研究者の間で即座にアイディアを交換したり、閃光計測器《訳注：放射線の線量を計測する機器》や電気泳動装置《訳注：DNAやタンパク質などの高分子物質の性質を調べる装置》から得られた最新の結果をすぐに共有したり、研究論文の初期の草稿を互いに見せ合ったりすることなど、同じ研究仲間として精力的に振舞うことが、この世界で最も自然なことであった。

しかし、それはもはや有り得ない。成果が期待されるような〔農作物の改善につながる〕新しいアイディアを持つUCD〔カリフォルニア大学デイビス校〕の科学者なら誰でも、……農作物の遺伝を取り扱うデイビスの二つの民間企業のうち、どちらかにでも関連を持つ人に対して、新しいアイディアについて話すことはためらうであろう。あるいは、たとえ共同研究者にでも話すことをためらうかもしれない。その人が後で企業と関連する人に話すかもしれないからである。このようなコミュニケーションの阻害は、この大学のキャンパスにすでに存在していることを私は知っている。(4)

大学・企業複合体における科学者の開放性の減少を反映して、マーティン・ケニーは、以下のように述べている。

……スクープされる恐怖や自分の仕事が商品に変えられる恐怖のために、共同研究者の間でも無口な状態が発生してしまう。ある人がつくったものが、まったく関係ない誰かの意志によって製品化されて売られているのを見ると、自分の心が侵害されたように感じられるものである。愛情をかけた仕事が、単純な商品に変えられてしまう。つまり、現在、仕事は市場価格をもとにして交換させられる一つの商品にすぎない。金銭が科学

的発展の価値の判断基準となる。(5)

開放性、アイディアと情報の自由な交換、そして、資材と技術の自由な交換が、研究コミュニティーの創造性と生産性に不可欠であった。

科学に秘密主義を導入し、知的所有権とそれに関連する知識の商業化と私有化のために、科学コミュニティーの潜在的創造力は退廃していくであろう。知的所有権は、まさに創造性の源泉を握りつぶしながら、既存の創造性を搾取していく。常識で考えて、補給されない貯水池はすぐに枯渇してしまう。根元に栄養が補給されなかったら、木は枯れてしまう。知的所有権は、社会的創造性の生産物を収穫するための効率的なしくみであるが、知識の木を育成・助長するためには、非効率的なしくみなのである。

知識の木の危機

微妙な変遷を経て、結果的に科学的知識の木が根元から枯れようとしている。科学的知識は、利潤目的で急速に搾取され、一方的に収穫させられているからである。

科学的知識の存続に最も影響力を及ぼすものは、デイビッド・アーレンフェルドが「忘却」と呼ぶ方法である。科学のある専門分野は商業化を通して利潤を生むために強調される一方で、別の分野は、たとえ知識体系の基盤として不可欠であっても、無視されることになる。知的所有権は、より多く商業的価値のあるものにターゲットを絞ることで、研究を歪めることになる。分子生物学がバイオテクノロジー産業の主要な技術となるにしたがって、他の生物学の分野は縮小し、破滅していった。我々は、動植物の種類の同定能力を失いかけているし、既知の生物がどのように互いにあるいは環境と相互作用するのかについて忘れかけているのである。

例えば、ミミズは、我々の生存に決定的な一群の生物種である。農業は土壌の肥沃度に依存しており、土壌の肥沃度はミミズに大幅に依存している。ミミズは排泄物によって土壌の肥沃度を改善する。そして、土壌の水と空気への浸透性を高めるのである。

一八九一年、チャールズ・ダーウィン《訳注：自然選択による進化論を唱えたイギリスの博学者》は、最後の著作を出版した。それは、生涯を通したミミズの研究結果である。その中でダーウィンは、こう書いている。

ミミズは高度に構造化されてはいないものの、この生物のように、世界の歴史において非常に重要な役割を果たしてきた動物が他にたくさん存在するかどうかは、疑問視されるだろう。(6)

しかしながら、デイビッド・アーレンフェルドが報告しているように、ミミズの生態学の分野で訓練を受けている人々は消失してきている。

この文章を書いている現在では、北アメリカのミミズの分類学に詳しい現役の科学者は一人だけである。彼はアイオワ州の小さな私立大学にいる。もう一人のミミズの分類学者は、プエルトリコの大学で働いているが、彼女はスペインで最近訓練を受けたばかりである。第三のミミズの分類学者は、母によって訓練された人で、オレゴン州の郵便局で働いている。最後に、メキシコ以北の北アメリカでの第四の人は、ミミズの分類学について専門知識を持っているが、現在ではカナダのニュー・ブランスウィックで検事として生活費を得ている。米国とカナダで、ミミズの分類学を勉強している大学院生はそれ以上は誰もいない。五〇年前には、少なくとも五人の米国の科学者とその大学院生たちがこの分野で働いていた。

世界の他の地域でも、状況に違いはみられない。ミミズの研究で長い間顕著な業績を残してきたオーストラリアにも、現在はミミズの分類学者は誰もいない。英国博物館もミミズの分類学を廃止した。ミミズの例は、非典型的なものではない。我々は進歩するほど、過去の知識をもっと忘れてしまう。無知の海をさまよう我々にとって、高価な技術にどのような利用価値があるというのであろうか。(7)

科学的研究の目的は、社会的需要の充足から、研究投資の潜在的返済へと優先順位が変化した。それが営利を目的とする研究の主要な判断基準である。一度そうなってしまったら、知識と学習の全体の流れが忘れられ、絶滅させられてしまう。多様な研究分野が存在することは、それで直接的な商業的利潤を得ることはできないかもしれないが、社会的には必要なものである。社会がエコロジー問題に直面するにあたって、我々には、疫学、生態学、進化発生生物学が必要である。微生物、昆虫、植物など、生物多様性の侵食の危機に対応するためには、特定の分類学上の生物群を扱う専門家が必要である。有効性と必要性を無視して、利潤性にのみ集中すると、知的多様性の創造のための社会的条件を破壊してしまうのである。

知的共有物の囲い込み

知識の木の衰退原因は、それだけではない。私はもう一つの原因を「知的共有物の囲い込み」と呼んでいる。知的所有権によって私有化される発明はそれ以外の庶民による発明を基礎として行なわれる。しかしながら、知的所有権に関連する、「投資に対する返済」という論理では、庶民による発明を利用するばかりで、それを推進するために公的支援を行なうことを怠るのである。すべての特許の発展において、その基礎となる研究の多くは一般庶民から資金援助されたものである。ところが、その結果は、特許可能な発見を目指した応用研究にしばしば利用される。つまり、その報酬は、私的に専有されているのである。

ＴＲＩＰと生命に対する特許への反対運動は、自然界の創造性と多様な知識体系の創造性を保護する運動である。この創造性をいかに保護できるかに、我々の未来は大きく依存しているのである。

Chapter Two

Can Life Be Made? Can Life be Owned?: Redefining Biodiversity

生命の創造と所有は可能か：生物多様性を再定義する

Chapter Two

一九七一年、ジェネラル・エレクトリック社とその社員の一人、アナンド・モーアン・チャクラバーティーは、遺伝子操作されたシュードモナス菌《訳注：土中や水中に広く分布する桿状の細菌》に米国の特許を申請した。彼は三種類の細菌からプラスミド《訳注：染色体から独立して存在する環状ＤＮＡ》を取り出し、第四の細菌へとそれを移し変えたのである。彼自身が説明しているように、「私は単に遺伝子を移動させただけです。すでに存在していた細菌の性質を変えただけであることを認めます」。

しかし、「その微生物は自然界の産物ではなく、彼の発明であるため、特許取得可能である」という根拠で、チャクラバーティーに特許が与えられた。指導的な米国の法律家であるアンドリュー・キンブレムが述べているように、「その微生物の『創造』について、発明者自身が、単純に遺伝子を『移動させた』だけであって、生命を創造したのではないと語っていることを、裁判所側は判例による選別協議のときには知らなかったと思われる」[1]。

そのような不安定な根拠をもとにして、歴史上最初の「生命への特許」が与えられた。米国の法律では動植物は特許の対象から除外されているにもかかわらず、この特許以来、米国はあらゆるの生命体に関して特許を授与する方向へと突進している。

現在では、比喩的に言えば、魚、牛、ねずみ、豚など、優に一九〇を超える遺伝子組み換え動物が、様々な研究者と企業による特許の順番待ちの列についている状態である。キンブレムによると、

最高裁判所のチャクラバーティーに関する判決は、生命の鎖を登り続ける形で拡張されてきている。微生物の特許が植物の特許を認めるきっかけとなり、さらに動物の特許へと拡張されることは、避けられないことであった。[2]

生命体へ特許を与えることの問題性をできる限り覆い隠すために、生物多様性は「バイオテクノロジーによる発明」と再定義された。生命への特許は二〇年間有効であるため、そこから派生する将来の世代の動植物をも特許の対象となる。しかし、大学や企業の科学者が遺伝子を組み換えて特許を得たとしても、彼らがその生物体を「創造した」のではないことを明確にしておきたい。

画期的なチャクラバーティーの判例について、裁判所は、彼が「自然界に存在するどの

ようなものとも顕著に異なった性質を持つ新しい細菌をつくり出した」と理解したが、米国科学アカデミーのビジョン委員会の研究理事であるキー・ディスムケスは、こう述べている。

少なくとも一つのことだけは明確にさせていただきたい。アナンド・チャクラバーティーは、新しい生命をつくり出したのではない。「ある系統の細菌が遺伝情報を相互に交換して、異なった代謝パターンを持つ新しい系統の細菌をつくり出す」という正常な過程に介入したにすぎない。「彼の」細菌は、すべての細胞に見られる生命の力のもとに生き、自己増殖する。現在では、組み換えＤＮＡ技術の最近の進歩により、チャクラバーティーが使った方法よりも、細菌の遺伝子をもっと直接的に生化学的に操作することが可能になったが、それでも、生物学的な過程を調節しているにすぎない。生命をまったく何もないところからつくり出すには、我々の技術はあまりにも未熟である。どれほど未熟であるかは、明確に算出できないほどである。だからこそ、私自身は、生命に対して深く感謝の念を持つ。その細菌がチャクラバーティーの手によるもので、自然界のものではないという議論は、人間の力を誇張し、我々が地球の生態系に荒廃をもたらしてしまったことと同じような、生物学の傲慢と無知を現わしているにすぎない。[3]

この「傲慢と無知」は、生命体への特許を主張する還元主義生物学者《訳注：すべての生物学的現象の直接の原因は分子にあると主張する生物学者》がＤＮＡの九五％は「がらくたＤＮＡ」《訳注：遺伝子としての情報を持たないＤＮＡの領域》だと宣言している事実に、より一層顕著に現われている。「がらくたＤＮＡ」という言葉は、その機能が知られていないことを示している。けれども、遺伝子工学が生命を「操作する」と主張するとき、この「がらくたＤＮＡ」が使われなければならないことがしばしば起こる。

ファーマスーティカル・プロテインズ社（ＰＰＬ）の科学者による「バイオテクノロジーの発明」とされる羊の例を考えてみる。この羊はトレーシーと名付けられ、「哺乳類細胞の生物反応工場」であると呼ばれた。その理由は、製薬産業のためにアルファー１―アンチトリプシン《訳注：血中に存在する消化酵素の阻害剤》というタンパク質がその羊の乳腺から生産されるようにヒトの遺伝子が導入されているからである。ＰＰＬ理事のロン・ジェームズが述べているように、「乳腺は非常によい工場だ。我々の羊は、フィールドを歩き回る、毛皮を持つ小さな工場なのだ。実際にすばらしい仕事をしてくれる」。

ＰＰＬの科学者は、遺伝子操作によって「バイオテクノロジーの発明」をつくり出したと主張しているが、高収量のアルファー1ーアンチトリプシンを得るために、「がらくたＤＮＡ」を使わねばならなかった。ジェームズによれば、「我々は、基本的に神が提供してくれたように、遺伝子の中にランダムなＤＮＡをいくらか残した。それによって、高収量が可能となった」。

しかしながら、生物体の創造者である神に特許が与えられるのではなく、特許を与えられるのはそれを使用した科学者である。

さらに、その動物の子孫は、明らかに特許所有者の「発明」ではない。生物の自己増殖能力の産物である。遺伝子組み換え生物に特許が与えられる際のメタファーとして、遺伝子操作をすることと「技師が機械を作ること」との類似があるが、これは少なくともその子孫には成り立たない。

ＰＰＬの場合、雑種ＤＮＡを注入された五五〇の羊の卵子のうち、四九九が生存した。

そして、これらが代理母に移植されたあと、子羊は一一二頭だけ生まれ、そのうち、五頭のみが、ヒトの遺伝子を自分のＤＮＡへと取り込んでいた。もちろん、そのうち三頭のみがアルファー1―アンチトリプシンを母乳の中に生産し、そのうち二頭が一リットルの母乳当たり三グラムのタンパク質を生産した。しかし、トレーシーのみが、一一二頭の遺伝子操作された羊の中でＰＰＬの「金の卵を産む羊」となった。トレーシーは一リットル当たり三〇グラムも生産するからである。

還元主義生物学の特徴の一つは、生物の構造と機能に関する無知のために、生物体とその機能を無価値であると断言してしまうことである。そのため、農作物や木々は「雑多なもの」と烙印を押される。[4] 森林や畜産種は「でくのぼう」となじられる。そして、その機能が理解されていないＤＮＡは「がらくたＤＮＡ」と呼ばれる。我々の無知を隠すためにその分子の主要な部分を「がらくた」として無視することは、その生物学的過程の理解を放棄したことに等しい。「がらくたＤＮＡ」は、ある必須の役割を果たしているはずである。トレーシーのタンパク質生産が「がらくたＤＮＡ」の導入で向上したという事実は、ＰＰＬの科学者の無知を現わしているのであって、彼らの知性と創造性を現わしているのではないのだ。

遺伝子工学は決定論と予言性を規範としているが、現実には、非決定論と非予言性こそが、生命体の人間による操作の特徴である。そればかりではない。工学のパラダイムを適応しようとすると、「理想」と「現実」の間のギャップだけでなく、「利益・報酬を所有すること」と「事故・危険性を所有すること」の間にもギャップが現われてしまう。

生命体への所有権が主張されるとき、それは、「新しいもの・自然界には存在しないもの」ということが論理的根拠となっている。しかし、「所有者」なら、野外に放出された遺伝子組み換え生物体（GMO）が招く結果に責任を取らなければならないはずである。しかし、その話になると、急にその生命体は「新しいもの」ではないと主張されるのだ。それらは「自然」であり、それゆえ、「安全」であるとされてしまう。バイオセーフティーの問題は不必要であるとされるのだ。[5]

つまり、生物体が「所有される」とき、それらは「非自然のもの」であるとして扱われる。「GMOを野外放出することによる生態学的な影響」について環境保護主義者に説明を求められるとき、これらの同じ生物体が今度は「自然なもの」とされる。これらの「自然」

という言葉の移り気な解釈は、最高のレベルの客観性を主張する科学が、自然界へのアプローチに関して、実際には非常に主観的なものであり、日和見的であることを示していると言えるだろう。

「自然」という言葉の解釈の不一致は、乳幼児用調合ミルクの例によく現われている。遺伝子操作されたヒトのタンパク質を乳児用調合ミルクとして生産している会社がある。「ジェン・ファーム」というバイオテクノロジー企業は、ハーマンと呼ばれる、世界初の遺伝子組み換え乳牛を所有している。ハーマンは、ヒトのタンパク質を含む牛乳を生産する。その会社の科学者によって胎児のときにヒトの遺伝子を持つように操作されたのだ。その牛乳は、乳幼児用調合ミルクを作るために使われることになっていた。

ハーマンとその子孫の所有権に関する話では、操作された遺伝子を含む生物体は「非自然」であるとして扱われた。それが、特許取得の根拠である。しかしながら、ハーマンの子孫の乳腺から搾られた、生命操作された原材料を含む乳幼児用調合ミルクの安全性の話になると、その同じ会社は「私たちは、このタンパク質を自然界でつくられるのと正確に同じ方法でつくっているのです」と言明する。

ジェン・ファームの主要幹部であるジョナサン・マックウィティーは、その調合ミルクはヒトの母乳そのものであると人々に信じさせようとする。遺伝子組み換え乳牛の中に存在する遺伝子操作されたヒトのタンパク質から作られた乳幼児用調合ミルクが、ヒトの母乳と同一であると主張しているのだ。「ヒトの母乳は、理想的な基準であるため、調合ミルクの会社は、より多くの［ヒトの要素を］過去二〇年間で加えてきている」。

このような視点では、牛、女性、そして子供は、製品生産と利潤の最大化のための道具に過ぎないことも注目に値する。[6]

このように、特許保護と保健・環境保護の問題で、「自然」と「新しい」という言葉の解釈の間に明らかな不一致がある。しかし、それだけではまだ十分ではないとでも言うかのように、「ハーマン」の所有者であるジェン・ファームは、遺伝子組み換え乳牛をつくる目的を完全に変更してしまった。現在では、ハーマンが持っている、変異を導入されたヒト・ラクトフェリン《訳注：ミルク中に存在する運搬タンパク質》の遺伝子がガンやエイズの治療の役に立つかもしれないという理由で、倫理的な非難を回避しているのだ。

生命体に特許を与えることは、二つの冒瀆を推し進めることになる。第一に、生命体が単なる機械であるかのように取り扱われることである。それによって、生命の自己組織化の能力を否定してしまう。第二に、動植物の将来の世代に関する特許を許可することによって、生命体の自己複製能力が否定されてしまうことである。

機械とは異なり、生命体は自己を秩序化することができる。この能力のため、単純に「知的所有物」として保護されるべき「バイオテクノロジーによる発明」「遺伝子構造体」「頭脳生産物」などとして生命を扱うことはできないのだ。

遺伝子工学と生命特許は、科学革命および産業革命の引き金となった「科学の商業化」と「自然界の商品化」の究極的な表現であると考えることができるだろう。『自然界の死滅』においてキャロライン・マーチャントが分析しているように、還元主義科学の勃興によって、「自然界は死滅したものであり、不活性であり、価値のないものである」と宣言されることになった。ここに、社会的・生態学的な結末を完全に無視したところで、自然界の搾取と支配が認められることになるのである。(7)

還元主義科学の勃興は、科学の商業化を促進することはもちろん、女性と非西洋人が支配される体制を整えることにもつながった。女性や非西洋人による多様な知識体系は、合理的な知識獲得の方法とは見なされなかったのである。商業化を目的として、還元主義は科学の正当性の基準とされるようになった。非還元主義と生態学的な知識獲得の方法とその体系は、正統派から押し出され、周辺領域となってしまったのである。

遺伝子工学のパラダイムは、生命体と生物多様性を「人間がつくった」現象であると再定義することによって、現在では、生態学的パラダイムの最後の砦をも弾き飛ばそうとしていると言わねばならない。

生物学の還元主義パラダイムの勃興は、遺伝子組み換え産業の商業的な興味を後押ししてきたが、そのパラダイム自体、意図的に操作されたものであることを知る人は少ない。これは、資金の割り当て、社会的な報酬や認識を通して行なわれてきた。

遺伝子操作と生物学における還元主義の台頭

生物学における還元主義には、様々な特徴がある。生物種のレベルでは、この還元主義は一つの生物種のみに価値を置いていることが特徴である。その生物種とは、もちろん、ヒトである。そして、それ以外すべての生物種を「道具」であるとみなすのだ。ヒトへの応用という意味で「道具」としての価値があまりない生物種や価値がまったくない生物種などはすべて、「価値がある」と見なされた別の生物種に置き換えられ、遂には絶滅へと追いやられてしまう。生物種と生物多様性が侵されることは、生物学の還元主義思想の不可避的な結果である。特に、林学、農学、水産学に適応されたときに、それが顕著となる。私たちはこれを「一次還元主義」と呼んでいる。

そればかりではなく、「二次還元主義」によって還元主義生物学はますますその特徴を顕著に現わしてきている。それは遺伝子還元主義である。ヒトを含む生物学的生命体のすべての行動を遺伝子へ還元しようという考え方である。二次還元主義は、一次還元主義による生態学的危機を増幅し、生命体の特許など、新しい問題を呼び起こすことになった。

還元主義生物学は、「文化的還元主義」の表現であると考えることもできるだろう。なぜなら、それは知識・倫理体系に関わる多くのものの価値を切り下げてしまうからである。それは、農業と医学に関するすべての非西洋体系はもとより、遺伝子的・分子的還元主義に加担しない西洋の生物学を含むすべての分野に及ぶのである。しかし、それらの非還元主義生物学は、生きている世界を維持しつつ利用していくために必要な知識であることには変わりはない。

還元主義は、オーガスト・ワイスマン《訳注：一九世紀末に活躍した進化・発生・遺伝を専門としたドイツの生物学者》によって強力に推進された。ワイスマンは、約一世紀ほど前に、生殖細胞――胚細胞系列――が、他の機能を持つ身体から完全に分離されうることを提唱した。ワイスマンによると、生殖細胞は、胎児初期にすでに隔離され、成熟し、次の世代の形成に貢献するまで他の細胞から分離されたままで存在する。このことは、環境からの直接的なフィードバックをまったく受けないことを意味し、獲得された特徴は遺伝しないという学説《訳注：遺伝的性質はすべて遺伝子として先天的に決定されており、個人の経験によって得られた性質――獲得形質――は遺伝的に子に伝えることはできないという考え》を支持する。

この「ワイスマンの壁」は、現実にはほとんど存在しないが、現在でも生物多様性保護を「胚細胞形質保護」として論じるときに使われている。ワイスマンの初期の主張によると、胚細胞形質は、外部の世界から「離婚した」とされる。よりよく適応する方向へ進化すること――より高い生殖能力を意味する――は、生命の生存競争において偶発的に起こった幸運な誤りの結果であると見なされる。[8]

一世紀前に行なわれたワイスマンの古典的な実験は、獲得された特徴が遺伝しない証拠であると考えられている。マウスの尾を二二世代に渡って切り落としたが、その次の世代はそれでも正常な尾を持って生まれてきた。何百ものマウスの尾が犠牲となったが、この実験は、獲得形質の遺伝を全面的に否定するのではなく、このような外科的操作が遺伝しないことを証明したにすぎない。[9]

「情報は遺伝子から身体へ一方向に流れるだけである」という提案は、分子生物学と一九五〇年代の核酸の役割に関する発見によって補強された。それは、メンデルの遺伝学に確固とした物質的基礎を与えるものであった。分子生物学は、遺伝子からタンパク質への情報移動の方法を示したが、最近まで、その反対方向への流れについて示唆を与えるデータはまったくなかった。「逆の流れはまったくない」という推論は、分子生物学のセントラル・ドグマ（中心教義）として知られるようになった。これは、フランシス・クリック《訳注：DNAの二重らせん構造を発見したイギリスの分子生物学者》が提唱したものである。「一度『情報』がタンパク質へと受け渡されると、再び戻ることはない[10]」。

「マスター分子」《訳注：すべての権限を司っている分子》として遺伝子を単離することは、生物学的決定論の一部である。そして、遺伝子としてのDNAがタンパク質をつくるという「セントラル・ドグマ」は、この決定論のもう一つの側面であると考えることができるだろう。遺伝子は何も「つくる」ことはできないことが知られている現在でも、このドグマは維持されている。『DNAの教義』の中でリチャード・レウォンティン《訳注：哲学的・社会的視点を持つハーバード大学の分子進化生物学者》は以下のように述べている。

DNAは死んだ分子である。この世界で最も非反応性で化学的に不活性な分子である。自分自身を複製する力はまったく持ち合わせていない。そうではなく、細胞のタンパク質からなる複雑な機械によって基礎的な物質からつくり出される。DNAがタンパク質をつくると頻繁に言われるが、事実は、タンパク質（酵素）がDNAをつくり出すのである。

自己複製するものとして遺伝子を見なすと、身体に存在する普通の物質の上に位置付けるべきであるかのような神秘的・自律的な力を遺伝子に与えてしまう。しかしながら、もしこの世界に何か自己複製するものがあるならば、それは遺伝子ではなく、複雑系としての生物体全体であろう。[11]

遺伝子工学は、「二次還元主義」に我々を誘導していく。なぜなら、環境から隔離された状態で生物体が認知されるだけでなく、全体としての生物体から隔離されたところで遺伝子だけが認知されるからである。そして、分子生物学の教義は、古典力学を模範としている。すなわち、セントラル・ドグマは、還元主義思想の最終的な産物なのである。

それとまさに同じ時に、マックス・プランク、ニールス・ボーア、アルバート・アインシュタイン、アーウィン・シュレーディンガー《訳注：現代物理学の基礎である量子力学を創設し、それまでの古典力学の世界を塗りかえた天才的な物理学者たち》とその優秀な共同研究者たちは、物理学的宇宙に関するニュートン主義的な世界観《訳注：単純な原因・結果という関係を基礎とする、還元主義に通じる世界観》を改訂しようと努力していた。そのような時に、生物学はさらに還元主義へと向かっていたのである。[12]

生物学において還元主義が主流となったのは偶然ではなく、慎重に計画されたパラダイムであった。『生命の分子的展望』の中でリリー・E・ケイが記録しているように、一九三〇年代から一九五〇年代まで、ロックフェラー財団は分子生物学の主要な後援者として力を尽くした。「分子生物学」という言葉は、一九三八年に、ロックフェラー財団・自然科学部門の理事であったワレン・ウィーバーによって考案されたものだ。その言葉は、財団のプログラムの本質を捉えるように意図されていた。その強調点は、生物学的な存在物の究極的な微細構造を理解することであった。

つまり、還元主義のパラダイムへ向かって生物学の認識的・構造的な再構成が行なわれたが、これは、経済的に強大な力を持つロックフェラー財団によって大きく促進されたのだ。一九三二年から一九五九年にかけて、ロックフェラー財団は、二五〇〇万ドルを米国の分子生物学研究に投入した。それは、医学を除く生物科学のために充てられた財団総支出の四分の一以上（一九四〇年代初期以降の農学への巨額の支出を含む）をも占めるほどであった[13]。

財団からの研究費の力は、分子生物学のトレンドを作り上げた。一九五三年（DNAの構造の解明）から一二年間に、遺伝子の分子生物学に関わる研究者に多くのノーベル賞が与えられた。そのうち、一人を除いてすべての受賞者が、完全に、あるいは部分的にウィーバーのガイドのもとに、ロックフェラー財団から研究資金を提供されていたのである。[14]

新しい研究課題に巨額を投じた背景には、自然科学、医科学、社会科学を基盤とする社会操作を目的として、徹底的に説明可能な枠組みの中で人間科学を発展させようという意図があったのである。この新しい研究課題は一九二〇年代の晩期に考案され、現代科学技術官僚による人間工学の論理として提案された。その目的は、産業資本主義の社会的枠組みと一致した人間関係を再構築することであった。この研究課題において、新しい生物学(最初は「心理生物学」と名付けられていた)が物理科学の基盤の上に創設されたのだ。人間の行動を支配する基本的なしくみを厳密に説明し、最終的に制御することを目指したのである。そして、特に遺伝現象の研究に大きな力点が置かれた。このようにして、社会的階層と不平等が、「自然の理に適う」ように「自然主義」として説明されようとしたのだ。『DNAの教義』の中でレウォンティンが述べているように、

いわゆる「自然主義」では、「先天的な能力は個々人で異なっているが、これらの先天

的な能力自体が生物学的に世代から世代へと伝達される」と説明されるであろう。つまり、それらが我々の遺伝子に存在することを意味している。相続という元来は社会的・経済的な観念も、生物学的な遺伝現象へと変えられてしまった[15]。

このように、還元主義生物学と認識的・社会的目標は軌を一にしたものなのだ。けれども、そもそも優生学《訳注：人類の遺伝的素質を「優良形質」と判断されるものについて向上させ、「劣悪形質」と判断されるものについて減退させることを目的とした学問分野。「優良」および「劣悪」という判断は差別につながる可能性がある》において同様な歴史が色濃く見られる。一九三〇年当時、ロックフェラー財団は、多くの優生学的プロジェクトを支援していた。しかしながら、この「新しい人間科学」が幕を切って落とされたときには、選択的な交配による社会統制という目標は、もはや社会的に合法的ではなくなった。

古い優生学はその科学的正当性を失ったのだ。まさしくその理由から、人間の遺伝と行動の活発な研究を確約する新しいプログラムのためのスペースが形成された。粗野な優生学の原理と時代遅れの人種差別理論を基礎とした社会計画を主張することが受け入れられなくなった、まさに歴史のそのときに、遺伝子への協奏的な物理化学的攻撃が始められた。分子生物学のプログラムは、簡潔な生物学的系の研究とタンパク質構造の分析を通して、優生学よりはゆっくりではあるが、優生学的選択のもっともらしい原理を基盤とする社会計画に向かって、より確かな方法を約束したのである。(16) つまり、還元主義は、自然界と社会の多様性に対する経済的・政治的統制のための好ましいパラダイムとして選ばれたのである。

遺伝的決定論と遺伝的還元主義は、互いに手を取り合って発展していく。しかし、「遺伝子が最も重要なものである」という考え方は、科学というよりも、イデオロギーといったほうがよい。遺伝子は独立の存在ではなく、遺伝子は、それ自身に効果を与える全体性の中の従属部分にすぎない。すべての細胞の「部分」は相互作用の中で成り立つ。そして、遺伝子の組み合わせの効果は、その生物体の形成において、それらの個々の効果と少なくとも同じくらいに重要であると言える。

より広義に言えば、生物体を「多くのタンパク質からなる産物」として単純に取り扱うことはできない。タンパク質はそれぞれが対応する遺伝子によって生産されるが、遺伝子は個体レベルでは複数の効果を持ち、ほとんどの個体の特性は、複数の遺伝子に依存しているのである。

しかし、遺伝子工学を可能にするその過程自体が「マスター分子」や「セントラル・ドグマ」という概念と正反対の方向へと発展してきているにもかかわらず、線形的な還元主義の遺伝子決定論的因果律が成り立つという考え方は、維持され続けている。ロジャー・レーウィンは以下のように強調している。

制限酵素部位《訳注：DNAを切断する酵素によって認識されるDNAの領域》、プロモーター、オペレーター、オペロン、エンハンサー《訳注：遺伝子としての機能はないが、遺伝子発現の制御に関わるDNAの領域または同調的に調節されている遺伝子群》はそれぞれ異なった役割を持つ。また、DNAからRNA《訳注：遺伝子の機能発現の際に必須の分子種》がつくられるだけではなく、ある酵素が働けば、RNAからDNAがつくられる。その酵素は、その働きを適切に反映して、「逆転写酵素」と呼ばれている。[17]

つまり、還元主義の説明と理論の弱点は、イデオロギーと経済的・政治的後援によって埋め合わせられているのがわかるだろう。

ある生物学者は、遺伝子を生物体自体以上に昇格させ、生物体自体を単なる「機械」であると降格するところまで、理論を推し進めてしまった。この「機械」の唯一の目的は、それ自身の生存と繁殖であるとされる。あるいは、もっと正確に述べると、生物体をプログラムし、かつ「統率」していると言われているＤＮＡの生存と複製であるとされる。リチャード・ドーキンス《訳注：世界的に議論を呼んだ著書『利己的な遺伝子』で知られるオックスフォード大学の動物行動学者》の言葉では、生物体は生存機械にすぎない。生物体はその遺伝子を住まわせるために建設された「重々しく動くロボット」であり、根本的な性質として生来「利己性」を持っている「自己保存のエンジン」を搭載した機械である。遺伝子は外界から遮断されていて、外界とはまわりくどい間接的な経路で通信しており、リモート・コントロールによって機械を操作している。遺伝子は、あなたの中にも私の中にも存在している。遺伝子は私たちの身体と精神を創造したとされる。そして、遺伝子の保存が、我々の存在の究極的な理論的根拠であるとされるのだ。[18]

このような還元主義は、認識論的、倫理的、生態学的、そして、社会経済的な議論を呼ぶことになるのも当然であろう。

認識論的に言うと、このような還元主義の考え方は機械的な世界観へと我々を陥れ、その結果、生物の豊かな多様性をも機械的な結果にすぎないと考えるようになってしまいかねない。生物体は自己組織化できるという事実を忘れさせてしまう。生命に敬意を払うという能力を我々から奪い去るのである。しかし、その能力なしには、この地球上の多様な生物種の保護は不可能であることを我々は認識しなければならないのだ。

操作と成長の違い

自己組織化する能力は、生命系に特有の特徴である。自己組織化する系は、自律的・自己統率的である。しかし、それは「隔離された、外界と相互作用しない系」を意味するのではない。自己組織系は、環境と相互作用しつつ、自律性を維持している。環境は構造的な変化を起こすきっかけとなるにすぎない。それは、生命系を規定することもないし、制御することもない。生命系は、自己の構造的な変化を特定し、環境のパターンがそれのきっかけを作るのである。自己組織系は、自己を維持・再建するために、何を取り入れ、何を排出すべきかを知っているのだ。

生命系は複雑な系でもある。その複雑性のために、自己の秩序化・組織化が可能となる。それはまた、新しい性質の出現をも可能にする。生命系の特筆すべき性質の一つは、組織の形態とパターンを維持しながら、構造変化を続けることができる能力を持っていることである。

生命系は多様な系でもある。その多様性と独自性は、自発的な自己組織化を通して維持されている。生命系の構成要素は、環境との構造的な相互作用を通して常に更新され、再利用されている。しかし、それでも、生命系はそのパターン、組織、特異的な形態を維持している。

さらに、自己治癒・修復の能力を持っていることも、複雑性と自己組織化に由来する性質であると言えるだろう。

多様な生物種と生態系が自己組織化できる自由を持つことが、エコロジーの基本である。

生態学的安定性は、生物種と生態系が適応し、進化し、そして反応する能力に由来している。事実、多くの自由度が与えられるほど、系は自己組織化の能力をよりよく表現することができるのだ。

反対に、外部からの干渉は、系の自由度を減少させ、自己を組織化・更新する能力を減少させてしまう。つまり、ある生物種や生態系に脆弱さがあるとすれば、それは外部からの操作・制御が原因で、適応・進化する能力を失ってしまったためなのだ。

チリの科学者であるハンベルト・Ｒ・マッラナとフランシスコ・Ｊ・バレラは、系には二種類の型があることを指摘している。自己創生型と異種創生型である。系の機能が主として自己再生へと向けられているとき、その系は自己創生型である。自己創生型の系は、自分自身に関心を向けていると言える。それに対して、異種創生型の系は、機械に代表されるように、ある特定の出力生産など、外部から与えられた機能を遂行するだけである。[19]

自己組織化する系は、自己を外部へ向かって形成しながら、その内部から成長する。外部から組織化された機械的な系は、成長しない。それは、つくられたものであり、外部から組み立てられたものであるからだ。

自己組織化する系は、外部から組み立てられた系とは大きく異なり、多次元的である。構造的にも機能的にも多様性を現わす。これに対して、機械的な系は均一であり、一次元的である。それらは、構造的な均一性と機能的な一次元性を示す。

また、自己組織化する系は、自己を治癒することができる。変化する環境条件に適応することもできる。これに対して、機械的に組織化された系は、治癒したり適応することはない。単に壊れるだけである。

動的な構造がより複雑になるほど、それはより内発的に駆動される。変化は、外部からの強要によるだけでなく、その内部の条件によってももたらされる。生命系にとって、自己組織化能力は、健康と生態学的安定性のための必須要因であると言えるだろう。

ある生物体や系が、一次元的に一つの機能を改善するように機械的に操作されると——一次元的な生産の増加を含めて——、生物体の免疫が減少して、病気や他の生物体の攻撃に無防備になってしまう。または、その生物体が生態系で優勢になり、他の生物種を置換してしまい、遂には、絶滅に追いやることになるであろう。エコロジーの問題は、工学のパラダイムを生命に適応したことに端を発しているのである。このパラダイムは、遺伝子工学によってさらに深いものとなった。そのことは、生態学的にも倫理的にも大きな問題である。

遺伝子工学の倫理的問題

生物体が機械であるかのように取り扱われるとき、倫理的な変化が起こる。生命は、それ自体に固有の価値があるのではなく、道具としての価値を持っていると見なされてしまうのだ。産業生産物として動物を人為操作することは、すでに、大きな倫理的、生態学的、健康上の問題を生み出している。例えば、生産高を最大にするためにどのように動物を取り扱うかということについては、常に倫理的な問題が生じてきた。しかし、動物に対して還元主義的・機械論的な視点を向けてしまえば、これらの障壁はすべて除去されてしまうのだ。実際、産業家畜生産部門では、機械的な視点が支配的である。例えば、食肉産業のある経営者は、以下のように述べている。

交配用の雌豚は、重要な機械の一部であると考えられるべきであり、そのように取り扱われるべきである。その機能は、ソーセージ製造機のように、子豚を吐き出すことである。[20]

しかし、豚を機械のように取り扱うことは、豚の行動と健康に大きな影響を及ぼす。動物工場では、豚の尻尾と歯と睾丸は切り落とされねばならない。なぜなら、動物工場内の環境下では豚は互いに喧嘩し、食肉産業が「共食い」と呼ぶ暴力的な行動で不満を解消しようとするからである。それればかりではない。動物工場の子豚の一八%は、母親に窒息死させられてしまう。二%から五%は、脱臼した肢や、肛門の欠失や、反転した乳腺など、先天的な欠陥を持って生まれてくる。「バナナ病」（病気に襲われた豚は、バナナのようにアーチ状に背中を曲げるためにこのように呼ばれる）や豚ストレス症候群などの病気にもかかりやすい。これらのストレスと病気は、遺伝子工学とともに増加する運命にある。現在でも、ヒト成長ホルモンを投与されている豚は、その足で身体を支えることができないほど体重が重くなってしまっている。

動物の健康と福祉の問題は、新しい技術の導入により、生態学的な自己調節と治癒の能力が影響を受けたことに根本的に端を発していると言えよう。生命の本質的な価値という問題は、自己組織化の問題と緊密に関連している。そして、自己組織化の問題は、治癒の問題に関連している。

生物体が形成されるとき、分裂細胞は、それぞれの運命に向かって誘導されると考えられている。そして、器官を形成するために永久的に分化するようになる。しかしながら、全体の構造をつくるためのシグナルやパターンは、もう少し潜在的なものであると考えられている。例えば、生体の一部が損傷されたとき、新しい特別な組織をつくるために、ある細胞は脱分化《訳注：特定の機能を持つように分化した細胞が、別の細胞に分化できるように再び未熟な状態に戻ること》することができる。[21]

このように、生物体には、再建のための自己管理能力がある。修復能力は、回復力に関連している。自己組織化能力を認識することなく、生物体を機械として取り扱い、外部から操作すると、その治癒と修復の能力も破壊されてしまう。そして、その生物体は、さらなる外部からの入力と制御なしでは自己を維持することすらできなくなってしまうのだ。

遺伝子工学の生態学的・社会経済学的問題

遺伝子工学を推し進める場合、私たちの生命の物質的価値、健康、環境に関する認識論的・倫理的問題を避けては通れない。生態系の健康に関する問題は、遺伝子工学の技術そのものに端を発しているからだ。

遺伝子工学では、「ベクター（運び屋）」《訳注：遺伝子を外部からある生物体へと導入する際に必要となる分子で、プラスミドやウイルスなどが主に使用される》を使って、生物種の間で遺伝子を移動させることが可能である。ベクターは普通、動植物にガンなどの病気を起こすウイルスなど、さまざまな生物から得られる。この自然の遺伝的寄生体はモザイク状に組み換えられ、一つかそれ以上の抗生物質耐性の「標識」遺伝子で目印がつけられ、ベクターが完成する。これらのベクターが、激烈な生態学的・公衆保健的な結果を生む、遺伝子汚染の主要な源泉になるのではないかという懸念があったが、過去数年間で蓄積されてきた証拠によると、実際にそうであることが裏付けられている。ベクターに媒介された「横方向」の遺伝子の転移と組み換えは、世界的に流行する細菌病原体の新しい系統を作り出すことに関わっていることがわかっているのだ[22]。

バイオテクノロジー産業とその政府規制機関は、米国における五〇〇件以上もの野外放出実験では遺伝子組み換え体による有害な結果はまったくなかったと主張し続けているが、遺伝子工学の生態学的な影響が大きいことは明らかである[23]。

現在までに行なわれた野外実験は、環境データを収集するようにはデザインされていないのである。そして、実験条件は、商業スケールや様々な環境や時間などの点で、実際の生産条件に近いものではないのだ。フィル・J・リーガルが述べているように、「実際の状態に近い条件で放出した実験データはまったくないのに、まるで五〇〇件の真の放出実験によって現在ではまったく本質的な科学的問題はないことが科学者に広く知られているとでもいうように、この類の結果が政策団体に引用されてきた[24]」。

一方、環境への影響を詳細に評価した二つの研究がある。これらの研究では、農地で遺伝子操作された生物の大規模な導入には危険が伴うことを証明した。

米国生態学会の一九九四年定例会で、オレゴン大学の研究者は、作物の廃棄物をエタノールに変換するようにデザインされた遺伝子組み換え細菌を評価する実験結果について報告した。この実験では、植物の根の周囲に棲む典型的な細菌*Klebsiella planticola*がエタノールを生産するという新しい能力を持つように遺伝子操作された。この遺伝子操作された細菌が、小麦栽培が行なわれている閉鎖実験土壌に加えられた。すると、ある土壌では、すべての植物は枯れてしまった。一方、細菌が加えられていない土の植物は健康のままであった。

すべての実験例で、根系菌類は半数以上減少し、植物の栄養素の吸収と成長が妨げられた。この結果は予想に反するものであった。土壌生態系に必要不可欠な菌類が減少すると、農作物は雑草との競争に弱くなり、病気にかかりやすくなることが知られている。有機物の少ない砂状の土壌では、遺伝子操作された根系細菌が生産したエタノールによって植物は枯れた。有機物の多い砂状または粘土状の土壌では、線虫の密度と生物種の構成が変化したため、結果として植物の成長が有意に遅延された。その研究の指導研究者であるエライン・イングハム博士は、「これらの結果は、遺伝子操作された微生物（GEM）を土壌に加えると、重大で深刻な影響があることを示唆している」と結論している。このような新しい徹底的な実験系を使用した研究は、「生態学的に重大な効果は何もない」という以前の示唆を反証することになった[25]。

一九九四年、デンマークの研究者は、除草剤耐性を持つように遺伝子操作されたナタネ植物から、外来遺伝子が雑草である自然の近縁種 *Brassica campestris ssp. campestris* へと転移したという強力な証拠を摑んだ。この外来遺伝子の転移は、わずか二世代のうちに起こることが可能であるという。

デンマークでは、*B. campestris* は、栽培ナタネ農場において普通に見られる雑草である。そこでは、除草剤による選択的な除去はもはや不可能である。この雑草の野生の近縁種は、世界中に広く分布している。遺伝子組み換えナタネの野外放出のリスクを評価する一つの方法は、自然な状態での *B. campestris* との交雑の早さを測定することであろう。なぜなら、交雑によって転移する、ある種の組み換え遺伝子は、その野生近縁種を一層強い雑草にし、雑草対策が困難になると考えられるからである。

B. campestris との交雑はナタネの品種改良のために使われてきたが、ナタネとの自然界での種間交雑は一般的に稀であると考えられている。イギリスでのリスク評価プロジェク

トで実施された手作業による人工交雑は失敗に終わったと報告されている。しかし、野外実験では、栽培ナタネとその元来の野生種である*B. campestris*との間の自然交雑が数例報告されている。一九六二年にはすでに、ナタネと*B. campestris*との間の交雑率は〇・三%から八八%であると計測されている。また、デンマークのチームの結果によると、高頻度の交雑が野外で起こる可能性があることを示している。その野外実験によると、交雑種子のうち九%から九三%は様々な交雑によってつくられたことがわかった。[26]

除草剤耐性遺伝子が農作物から近縁の雑草へ転移すると、除草剤に抵抗性を持つ「超雑草」を作り出し、駆除不可能になるという脅威がある。モンサント社がもっと多くの「ラウンド・アップ」《訳注：非常に強力な除草剤の商品名》を、そして、チバ・ガイギー社がより多くの「バスタ」《訳注：非常に強力な除草剤の商品名》を販売しようというビジネス戦略を打ち出し、遺伝子操作された除草剤耐性植物を開発・販売するのは論理的なことであろう。しかし、この戦略は、持続可能な農業のポリシーに真っ向から反するものである。なぜなら、雑草対策そのものを妨害するものであるからだ。

除草剤耐性の組み換え遺伝子を使うと、雑草駆除に失敗し、その代わり、「超雑草」をつくり出してしまうリスクを負っている。これと同じように、害虫耐性を持つ遺伝子組み換え作物を使うことも、害虫駆除に失敗し、その代わり、「超害虫」を作り出してしまう危険をはらんでいる。

一九九六年、米国の約二〇〇万エーカーの農地に、「ボルガード」と呼ばれる、モンサント社の遺伝子組み換え綿の品種が植えられた。モンサント社のボルガードの綿は、綿の害虫であるボルウォーム（オオタバコガ）に毒性のあるタンパク質を生産する土壌細菌*Bacillus thurengesis*（Bt）のＤＮＡを持つ組み換え品種である。モンサント社は「害虫問題を起こる前に食い止める、季節に左右されない植物管理」を通した「心の安定」のための種子の料金に加えて、「技術料」として一ヘクタール当たり七九ドルを農家に請求した。この「技術料」でモンサント社は一年間だけで五一〇〇万ドルを稼いだことになる。[27]

しかしながら、この技術は、すでに農家の期待を裏切ってしまった。遺伝子組み換え作物に、典型的な農薬散布開始レベル《訳注：農薬散布が必要であると判断される害虫の数》の二〇倍から五〇倍もボルウォームが出現したのである。さらに、土壌細菌Ｂｔは、有機無農薬農家によって使われる重要な「自然農薬」であったため、遺伝子工学の戦略は、有機無農薬農法に危害を与えることとなった[28]《訳注：農薬の自然な代替法となる成分があらかじめ植物体に存在するため、従来の方法が適切ではなくなったことを指す》。

「技術料」に加えて、モンサント社は、かなり制限的な規則を農家に提示した。モンサント社は以下のように述べている。

モンサント社は、特許ボルガード遺伝子を含んでいる種子を一世代使うことだけを許可している。二世代以後のために種子を保存・売買することは、限定使用許可範囲を超えており、モンサント社の特許権を侵害するものである。その場合、連邦法に従って告訴される可能性もある。[29]

モンサント社は、何百万ドルも収益をあげる際には、農家に貸し付けた農作物を「所有している」ことになる。しかし、その遺伝子組み換え農作物が起こす危険への賠償や責任は所有していないことになっているのだ。

社会が企業に知的所有権を与えれば、社会は企業の社会貢献から利益を得ることができるという理由で、知的所有権の独占は正当化されている。しかし、ここに示した遺伝子組み換え綿の失敗例は、知的所有権が農業を改善するという仮定は常に成り立つとは限らないことを示している。その代わり、私たちが見てきたものは、社会一般に対する、特に農家に対する社会的・生態的損失である。生態系に大混乱をもたらしている農作物品種に知的所有権を認めることは、利潤の完全な私有化と損失の完全な社会化とをもたらす不正な社会システムであると言わねばならない。

少数の独占企業が、この納得のいかない不正なシステムに関与しているのだ。そして、生態学的に適切なことや社会的に正当なことの発展を妨害している。しかも、環境と人間の健康を脅かす農業システムを人々に強制するのだ。

皮肉にも、独占企業への課税と遺伝子組み換え作物への課税は、「自由貿易」システムの中核である。法的には、すべての国家に農業の知的所有権を持つように強制しているのは、自由貿易の協定、つまり、ＧＡＴＴのウルグアイ・ラウンドである。経済的には、遺伝子操作された農産物の導入は、「自由貿易」の名のもとに不本意な市民と国家に強制されている。以下に示すモンサント社の大豆の例のように、「自由貿易」とは、「国際企業が危険な産物を人々に強制する絶対的な自由」であると解釈されるのである。

一九九六年一〇月一六日「世界食糧の日」には、モンサント社が「ラウンド・アップ」として販売している化学除草剤グリファオセートに抵抗力を持つ遺伝子組み換え大豆の国際的なボイコットを呼びかける五〇〇団体が七五カ国から集まった。モンサント社は、除草剤の売上げを伸ばすために、大豆を遺伝子操作したのである。(30)

この遺伝子組み換え大豆に関しては、一九九六年一一月にローマで開かれた「世界食糧サミット」でも、中心的な議題となった。当時、モンサント社は、その大豆は「特有で新しい」ため、特許を得ることができると主張していた。しかし、今ではその「新しい大豆」は普通の大豆と比べてあまり特有ではないと言う。それは、二種類の大豆をヨーロッパ以外の場所で混ぜ、ヨーロッパの市場へと輸出するためである。これに対して、遺伝子操作された大豆を明確に表示するように、市民は要求している。「知る権利」と「選ぶ権利」の主張である。

モンサント社は一九九六年五月、アグラセタス社（すべての遺伝子組み換え綿・大豆の広範囲の生物種特許を持つ会社）を一億五〇〇〇万ドルで買収した。現在では大豆と綿はモンサント社の独占状態である。これらの特許は、「新しい」という理由で与えられたが、遺伝子操作された産物の安全性に関する消費者の抵抗と懸念の前には、その「新しさ」は否定される。

技術として、遺伝子工学は、非常に洗練されていると言える。しかし、生物多様性を人間の必要に応じて維持できる状態で使うための技術としては、不器用なものであると言わねばならない。遺伝子組み換え農作物は、多様な栄養源を供給する多様な農作物を排除することによって生物多様性を減少させてしまうのだ。

それに加えて、遺伝子組み換え農作物のために、新しい健康リスクが生じてきた。遺伝子組み換え食品は、新しいアレルギーの原因となる可能性がある。病気への新しい虚弱さという「生物学的汚染」のリスクもある。つまり、ある一つの生物種が生態系の中で優勢になってしまったり、ある生物種から別の生物種への遺伝子の移動が起こったりする可能性があるのである。

ジェイムズ・ビショップ博士によってイギリスで行なわれた実験では、蛾の幼虫を駆除するための除虫スプレーを作る目的で、サソリの遺伝子がウイルスに導入された。ウイルスなど病気を起こす生物体が新しい標的種を見つける例は多い。それにもかかわらず、遺伝子組み換えウイルスは、その標的種の境界を超えることはないという理由で、安全であると仮定された。遺伝子工学は、農薬に抵抗性を持つ「超ウイルス」を作ってしまうかもしれないという科学的証拠もある。要するに、バイオセイフティーに関わる問題では「安全」という自己満足的な答が与えられることが多いが、現在知られている科学的証拠をもとにして考えると、正当化できるものではないのだ。

最近、インドでは、遺伝子組み換え農作物の最初の野外試験が許可された。土壌細菌Ｂｔとアブラナ科雑種植物からの遺伝子を導入されたトマトなどが試されることになる。けれども、土壌細菌Ｂｔの遺伝子操作は雑草の抵抗力の増大の原因となっており、それゆえに、植物害虫と病気の管理という視点から、持続可能な方法ではないという十分な科学的証拠があることを直視しなければならないだろう。

遺伝子操作された農作物と食物による「確約された恩恵」は錯覚にすぎない。しかし、その潜在的なリスクは現実のものである。また、遺伝子工学が社会貢献するという錯覚は、食品生産と消費の社会システムのレベルに留まらない。それはまた、科学的なレベルでの錯覚でもある。遺伝子工学は、遺伝子還元主義と決定論のもとに恩恵を確約するが、分子生物学自体の研究から、これらの仮定は両方とも誤りであることが証明されてきているからだ。

生命を称賛・保護する

現代は遺伝子工学と遺伝子特許の時代である。つまり、生命自体が植民化されてきているのだ。このバイオテクノロジーの時代において、エコロジー運動は、生命系の自己組織化を自由な状態に維持することに主眼を置かねばならない。自由な状態とは、生命体の自己治癒と自己組織化の能力を破壊する技術的な操作から自由である状態のことである。さらに、地域社会に問題が生じた場合、自然から授けられた豊かな生物多様性を利用して自分たち自身の解決策を模索することが必要であるが、その能力を破壊する法的な操作から自由である状態のことでもある。

私は、生命操作と資源の独占化に対する反対運動を推進しているが、私の最近の仕事には二つの方向性がある。一つは、地域固有の種子の多様性を保護するために、「ナヴダンヤ」――地域社会種子銀行を設立するためのインドの全国ネットワーク――を通して、生命の工学的視点に代わるものを築き上げようとしている。もう一つは、知的共有物を保護する仕事を通して――農家の運動によって着手された「種子サトヤグラハ」の形式か、「第三世界ネットワーク」とともに我々が着手した知的共有権のための運動の形式で――知識と生命自体が私的所有物であるというパラダイムに代わるものを築き上げようと試みている。

我々がこの千年紀の最後を迎えるにあたって、この「生命の自由」と「生きる自由」こそが、エコロジー運動の核心であると、私はますます思うのである。この闘争の中で、「ザ・シード・キーパーズ」というパレスティナ人の詩から、インスピレーションを得ることがしばしばである。

我々の土地を焼け
我々の夢を焼け
我々の唄の上に酸を注げ

おがくずで覆え
皆殺しにされた人々の血は
お前の技術にかき消されてしまう
自由、そして、野生性と地域固有性
それだけを求める叫び。
破壊
我々の草と土を破壊せよ
倒壊しつくせ
我々の祖先が築き上げた
すべての農家とすべての村
すべての木、すべての家
すべての本、すべての法
そして、すべての公正と均衡を。
お前の爆弾でなぎ倒せ

すべての谷を
お前の意図によって消去せよ
我々の過去を、
我々の学識を、我々のメタファーを。
森を裸にせよ
そして地球を
すべて虫たち
すべての鳥たち
すべての言葉が
隠れ家を見つけられなくなるまで。
それを実行せよ、そしてもっと推し進めよ。
私はお前の横暴を恐れない
私は決して絶望しない
なぜなら、私は一つの種子を守っているからだ

小さな生きた種子を
私が守り、
再び育てるための種子を。

Chapter Three
The Seed and the Earth

種子と大地

Chapter Three

再生するということは生命現象の中核をなす。そして、それは社会を長期的に維持していくための中心原理であった。生命の再生なしに社会を維持していくことは決してできない。しかしながら、目まぐるしい現代の産業社会には、再生について考える時間的余裕は与えられていない。生命の再生を待ちつつ社会生活を営む空間もない。再生という現象の価値を引き下げることは、生態学的な危機を招き、同時に、社会維持の危機の原因となるのだ。

治癒力を持つ植物への賛美歌『リグ・ヴェーダ』《訳注：紀元前一三〇〇〜一〇〇〇年頃に書かれたインド最古の文献》の中で、メディシナル・ハーブ《訳注：薬用植物、薬草》は母として敬われている。なぜなら、それは、我々の生命を維持してくれるからである。

母よ、あなたは百通りもの形態を持ち
千通りもの生長様式を持つ。
百通りもの作用を持つあなたは
この人を

私のために完全な健康体にしてくれる
喜んでください、花開く植物であるあなた
そして果実を実らせるあなた。

古代の世界観では、それがどの民族・部族のものであれ、人間と非人間自然界の間には、連続性がある。そして、それが世界観の基礎となっている。しかし、その基礎は父権社会によって破壊された。人々は自然界から切り離され、再生過程に関わる創造性は否定された。創造性は男性の独占所有物となってしまい、男性が生産に従事すると考えられるようになった。女性は、単なる再生産あるいは再創造に従事するようになった。女性の仕事は、長期的に継続できる生産過程として見なされるのではなく、非生産的なものとして考えられてしまうのだ。

「純粋に男性だけによる活動」という考え方は、種子と大地を切り離したところに構築された。それはまた、「女性の受動性」と「不活性で空白な大地」という考え方のもとに構築されたとも言える。すなわち、種子と大地という生命と社会の象徴は、父権社会の鋳型に入れられて、すっかり変貌させせられてしまったのだ。そればかりではない。社会的男女関係、我々の自然の知覚様式、自然の再生の価値も、改変されてしまった。このような自然と文化の非生態学的な視点が、父権社会的知覚様式の基礎をなしている。それは、宗教と年齢にかかわりなく、生殖における父親の性的役割を最も重要なものであると見なす社会だ。

この性的に分離された「種子と大地」のメタファーでは、人間の生殖過程において男性が女性よりも上位であるという関係が「自然なことに見える」ように仕組まれている。この男尊女卑の「自然性」は、「物質と精神」という二元性の上に構築されている。男性的な性質が人工的かつ純粋な精神と関連しており、女性の貢献は単に物質的なものに留まり、精神性のないものとして見なされるのだ。ジョアン・ジャコブ・バコフェンが述べているように、

父権社会の勝利によって、自然界の存在物から精神が分離された。精神は物質的な生命の法則を超える人間存在の昇華であると見なされる。母性は人間の物質的な側面に属し、それは、男性が動物と共有する部分にすぎない。父性の精神的な原理は、男性だけ

に所属する。こうして勝利を得た父権は、天上の光と共に存在し、その一方、子どもを産む母性は、すべてのものを産む大地に縛られることになった。[1]

女性に対する男性の優位性という父権社会の中心的な仮定は何であろうか。それは、女性の動物としての「受動性と物質性」、および、男性の顕著に人間的であるとされる「能動性と精神性」である。これは、「精神と身体」をはじめとした二元性に反映されている。この場合、精神は非物質的・男性的・能動的であり、身体は物理的・女性的・受動的である。また、男性のみが文化的活動に従事することができ、女性はすべてのものを産む大地に縛られているという「文化と自然」という二元性にも反映されている。[2]

しかし、この人工的な二分法では曖昧にされていることがある。それは、受動性ではなく能動性こそが自然界の強みであることだ。

新しいバイオテクノロジーの台頭は、「能動性と受動性」、「文化と自然」という古い父権社会的分割の再現であると考えることができよう。そして、これらの二分法は、植物と人間の再生過程を植民化するための資本主義父権社会の概念的道具として使用される。それゆえ、父権社会を脱し、女性と自然の能動性と創造性を再び主張するためには、植民化されてきた生命の再生過程の重要性を再び取り戻すしか方法はないのである。

生物体という新しい植民地

現在では、土地、森林、河川、海洋、大気はすべて植民化され、浸食され、汚染されてしまった。資本家は、将来の資本蓄積のため、侵略・開拓するための新しい植民地を探さねばならない。その新しい植民地とは、女性、植物、そして動物の身体の内部空間である。過去には、植民者としての土地の侵略は、砲艦の技術開発によって可能となった。現在では、新しい植民地としての生物体の侵略は、遺伝子工学のテクノロジーによって可能になってきている。

ポスト産業時代《訳注：もはや採掘や加工業などの単なる第一次・第二次産業で多くの利益を上げることができなくなった時代》における資本の供給源として、自律性・自由・自己再生能力を持つ生物体を植民化し、掌握することを可能にするのが、バイオテクノロジーだ。還元主義科学を道具として、資本主義は前人未到の場所を求めて突き進まなければならない。還元主義による断片化によって、開発と侵略のための新しい領域が切り開かれる。これが、資本主義父権社会のもとでの技術開発の方向性である。まるで残忍な肉食動物が血眼で獲物を追いかけるかのような姿を想像せざるを得ない。そのような方向性のもとに、すでに使い切ってしまったものから、まだ消費されていないものへ向かって着実に駒を進めるのだ。この意味において、資本主義父権社会の目では、再生力の場としての種子と女性の身体こそが、最後に残された植民地なのである。[3]

古代の父権は「能動的な種子」と「受動的な大地」という象徴を使ったが、資本主義父権は、新しいバイオテクノロジーを通して、種子をも受動的な存在であると改め、工学の精神にこそ能動性と創造性があるとした。五〇〇年前、土地が植民地化されたとき、土地は「生きたもの」から単なる「物質的なもの」へと改められ、それと同時に、非ヨーロッパ文化と自然の力は、その価値を引き下げられたという歴史がある。現在、種子は「生命の再生源」から「そのままでは価値のない物質」と改められ、それと同時に、種子から生命を再生させる人々——つまり、第三世界の農民たち——の価値が引き下げられてきているのである。

母なる大地から空白の大地へ

長期的に持続可能な文化は、それがどのような文化であれ、多様性を持っていることに特徴がある。そして、「母なる大地」として大地に敬意を払ってきた。資本主義は大地が受動性なものであるという父権的な解釈を与え、それに引き続いて、「空白の大地」を植民地とすることを正当化した。

このような考え方は、二つの目的を満たしている。第一に、それはその土地の先住民の存在と植民地化される前から存在するはずの彼らの権利を否定する。第二に、大地の再生能力と生命過程を否定する。(4)

先住民は真の人間ではないという理由のもとに、多量殺戮は道徳的に正当化され、あらゆる場所で実行された。先住民は動物相の一部にすぎないと考えられたのだ。

ジョン・ピルガーが述べているように、『ブリタニカ百科事典』は、オーストラリア先住民の動物性についてまったく疑問を持っていないように思われる。「オーストラリアの人間は、捕食性の動物である。ヤマネコ、ヒョウ、ハイエナよりも凶暴で、自分たち自身を食する。[5]」

オーストラリアの教科書『熱帯での勝利』では、オーストラリア先住民は、半野生の犬と同等に扱われている。[6]

動物として扱われたため、オーストラリア、米国、アフリカ、アジアの先住民たちは、人間としての権利を認められなかった。植民者は先住民の土地を「空白の土地」――人間が住んでいない、空白の、無駄になっている、使用されていない土地――として不正に奪うことができた。使節団は、帝国からの市場要求を満たすために、世界中の資源の軍事的略奪を正当化する道徳を持っていたのだ。このようなわけで、ヨーロッパの男性は、侵略を「発見」、海賊行為と窃盗を「貿易」、殺戮と奴隷化を「文明化の使命」として叙述することになるのである。

科学的な任務は、自然への権利を否定するための宗教的な任務と手を取り合って発展した。科学革命の出現に伴う機械的世界観を持つ哲学の隆盛によって、すべての生命の維持に必要な自己再生と自己組織化の概念は破壊された。近代科学の父と呼ばれるフランシス・ベーコンにとって、自然はもはや母ではなく、攻撃的な精神によって征服されるべき女性にすぎない。キャロイン・マーチャントが指摘するように、「生きている養育的な自然」から、「不活性で死んだ操作可能な物体」への概念の転換は、成長を遂げている資本主義の搾取命令に著しく適していたのだ。

過去には、養育的な大地のイメージがあるために、たとえ自然を搾取したとしても、文化的な規制が働いていた。「人間は、ためらいもなく母を殺害したり、内臓に穴を空けたり、身体をばらばらにしたりはしないものである」とマーチャントは記している。しかし、ベーコン学派と科学革命によってつくり出された支配と統治というイメージは、すべての文化的制限を除去し、自然を裸にすることを文化的に是認する考え方として機能した。

この宇宙が霊魂に満ちあふれた有機的な存在であるという考え方を除去することは、人間にとって自然の死を意味した。これは、科学革命の最も大きな影響であった。この考え方のもとでは、自然は外部からの力（内在する固有のものではなく）によって動かされる、死んだ不活性粒子系に過ぎないと考えられる。そのため、機械的な枠組み自体が、自然界の操作を合理的なものと位置付けることとなった。さらに、機械的な秩序をつくり出すことが権力に基づいた価値の概念的枠組みとして都合の良いものだった。その権力は、商業資本主義の邁進する方向と完全に両立したのだ[7]。

「不活性な大地」という考え方は、「開拓」という名のもとに、新しい邪悪な方向へと社会を導いていった。なぜなら、「開拓」は、大地の生産的能力を否定し、自分自身を再生・維持できない農業形態を作り出したからだ。

長期的に維持できる農業は、土壌の栄養分のリサイクルを基礎としている。これには、農作物から得られる栄養分の一部を土壌に戻し、植物の生長を助けることが必要である。栄養分の循環を維持し、それによって土壌を肥沃な状態に保つことは、冒すことのできないリサイクルの原理に基づいている。大地こそが肥沃さの源であるという認識がここにあるわけだ。

これに対して、農業の「緑の革命」が掲げるパラダイムは、再生可能な栄養循環を改め、工場から購入された化学肥料のインプットとその農業商品のアウトプットという直線的な流れをつくり出してしまった。肥沃であることは、もはや土壌の性質ではなく、化学物質の性質となった。緑の革命は、化学肥料を必要とする「驚異の種子」を機軸としており、土壌にリサイクルするものは生産されなかった。[8]

ここでも、大地は「空白の容器」にすぎないと見なされたのだ。この場合、灌漑用水と化学肥料の激しいインプットを受ける容器である。豊かな農業は、工業生産された「驚異の種子」の力でもたらされるのであり、それは自然界の肥沃循環の限界を超えるものとされた。

しかしながら、生態学的に言って、大地と土壌は空白ではない。そして、緑の革命に類似する様々な農業改革は、種子肥料パックの出現として露呈されただけではなかった。土壌の病気と微量栄養素の欠乏も起こった。このことは、肥沃な土壌を保つためには、未知の要素が必要であることを示している。

そればかりではなく、砂漠化も起こった。これは、市場目的だけの農業によって土壌肥沃循環が壊されたことを意味している。市場のための収穫生産高を増加させる目的を持つ緑の革命の方法論は、農家の内部で使用されるバイオマスを減少させることによって達成されたに過ぎない。つまり、藁などのアウトプットを減少させたのである。おそらく、それは深刻な代価であるとは考えられなかったのであろう。化学肥料が有機堆肥の完全な代替であると考えられていたからである。

しかし、土壌の肥沃度を、工場での窒素、リン、カリウムに還元することはできないことが経験的にわかっている。そして、農業の生産性は、必然的に、その土壌が生産した生物学的生産物の一部を土壌にリサイクルすることを含めて考慮されなければならない。種子と大地は、相互の再生と更新のための条件をつくり出すのである。

テクノロジーは、生産過程のまさに中核を破壊するのである。しかし、テクノロジーは自然の代替を提供することはできない。自然の生態学的な過程の外部から適切に作用することもできない。そして、市場価格を生産性の唯一の基準として考えることは誤りであることを認識しなければならない。

市場には出ずとも土壌の肥沃度の維持に必須な生物学的生産物は、農業において重要な位置を占める。しかし、緑の革命で奇跡的な収穫高を達成できる根拠とされた原価・利益の数式では、これは完全に無視されている。インプットのリストには現われていないのだ。なぜなら、それらは購入されていないからである。同様に、アウトプットのリストにも登場しない。なぜなら、それらは販売されていないからである。

土壌の肥沃度を維持するための過程は、緑の革命の商業的脈絡の中では非生産的であり、浪費であると考えられているが、現実にはそうではないのだ。それは、生態学的な脈絡の中では生産的であり、長期的に維持できる農業への唯一の道程として注目されてきている。緑の革命の方法論は、必須の有機インプットを「浪費である」と見なしてしまったが、それは、肥沃で生産的な土壌は、実際には、「浪費物」とされるものによってつくられることを無意識のうちに示したようなものだ。土地を増強させるはずのテクノロジーが、実際には土地を劣化・破壊する技術であることを証明したからである。

最近、化学肥料の生態学的な破壊効果に新しい次元が追加された。地球規模の温室効果・温暖化の原因となるのだ。化学窒素肥料は、温暖化を起こす温室効果ガスの一つ、一酸化二窒素《訳注：亜酸化窒素とも呼ばれ、化学式N_2Oであらわされる気体で、笑気麻酔に用いられる》を大気中に放出する。つまり、化学肥料は、土地、水、大気の汚染を通して、食料確保の条件を侵害していることになる。

実験室からの種子

緑の革命は、大地は不活性であるという仮定に基づいている。さらに、バイオテクノロジーの革命は、種子からその稔性《訳注：次世代の植物体をつくる能力を持つ種子を形成する性質》と自己再生能力を奪い取る。このような種子の植民化は、二つの主な方法で行なわれる。二つの方法とは、技術的な方法と所有権を行使する方法である。

ハイブリッド形成《訳注：種類の異なった細胞同士を融合させて雑種細胞をつくること》に代表されるテクノロジーは、種子の再生を防止する技術である。これは、種子の商品化における「自然の障壁」を取り除くための極めて効果的な方法を資本家に提供する。ハイブリッド品種《訳注：細胞融合によってつくられた農作物の雑種品種》は、真の意味での種子をつくらないため、農家は毎年新しい種子を育種会社から購入しなければならない。

種子とは、ジャック・クロッペンバーグの記述を使えば、生産方法であると同時に生産物でもある。(9)

輪作に専念している部族民でも、定住型農業を行なう農民でも、毎年、農作物を植える過程そのものが、次の年の生産に必要な基盤を再生することにつながる。つまり、資本家にとっては、種子は、ビジネスの妨げとなる簡潔な生物学的弊害を持っていることになる。適切な条件が与えられれば、それは自分自身を再生し、倍加するのであるから、本来は大きなビジネスの対象にはなりえない。現代の植物育種は、主に、この生物学的な弊害を除去するための試みであると言えよう。そして、新しいバイオテクノロジーは、生産の方法であると同時に生産物でもある種子を、単なる粗野な物体へ変換するための最新の道具なのである。

ハイブリッド種子をつくることとは、種子自体を侵略することであると言わねばならない。E・ゴッペンバーグが述べているように、ハイブリッド種子は、食料の獲得であると同時に生産方法としての種子の統一性を破壊した。そして、資本の蓄積のための空間を企業に開放した。それによって、企業は、植物育種と商業的種子生産を牛耳ることができるのだ。それは、自己再生能力を持つ生きた種子を、単なる粗野な物体として取り扱うことにつながった。生産と再生が循環せず、ばらばらにされたのだ。商品としての種子を直線的に供給することで、生態学的な弊害を生む源泉となった。再生可能な種子を収穫不可能にすることで、種子の立場自体も変えることになる。

商品化された種子は、二つのレベルで生態学的に不完全であり、破局的な存在であることを、ここで明確にしておきたい。第一に、それは自己を再生できない。しかし、種子は定義上、再生可能な資源であるべきものだ。種子という遺伝的資源は、テクノロジーによって、更新可能なものから更新不可能なものへと変えられてしまった。第二に、それは自力で生産できない。それは、購入商品のインプットを必要とする。そして、種子会社と化学会社が合併するにつれて、インプットに頼る割合は増加するであろう。化学物質は物理的に外部から加えられる場合と内部に与えられる場合があるが、種子の再生産の生態学的な循環という意味では、生態系の外部インプットであることに違いはない。再生を通したエコロジカルな生産過程から、非再生のテクノロジカルな生産過程への転換こそが、農家の追いたてと農業における生物学的な多様性の激減の原因となっている。それは、農家の貧困と崩壊の根本的な原因なのである。

遺伝子操作のテクノロジーを使っても、不稔性の種子を開発することに失敗することもあるだろう。その場合、次の手段として、知的所有権と特許という形で法的規制が持ち込まれる。植物の再生能力を植民化するために、特許は中心的な役割を果たす。これは、土地財産所有権と同じように、植物においても所有物としての種子とその所有者という関係が成り立つという仮定に基づいている。

ジェネンテク社の副社長によれば、「特許申請のときに汚れのない経歴を書くことができれば、非常に基本的なことをいくつか主張できるだろう。なぜなら、比較される標準というものは、発明以前に存在した技術であるからだ。バイオテクノロジーにおいては、そのようなものはあまり存在しない[10]」。

この場合、所有権や所有の主張は、生きている資源に対して行なわれる。発明の特許申請以前に農家によってこれらの資源が保護および使用されてきた事実は、特許が与えられるかどうかの基準とはならない。そうではなく、資源の独占的な使用が許可されるかどうかは、テクノロジーによる介入があるかどうかで決められる。ゆえに、このテクノロジーを持っていることは、会社による生物資源の所有の理由となる。また、同時に、農家の所有の否定と農家の特権を略奪するための理由となる。

「母なる大地」から「空白の大地」への変換に伴って、新しいバイオテクノロジーは、企業の種子を富の創出の基本に据える。まさにその過程自体によって、農家の種子の生命とその価値を奪う。土着品種（自然選択と人為選択によって変化させられた地域固有の品種）を生産し、使い続けることは、第三世界の農家の生存にとって必須である。これらは、資本家や科学者からは「原始的な」栽培品種であると呼ばれる。その一方で、現代的な植物育種家によって国際研究センターや国際種子企業で作られた品種は、「進歩した」あるいは「エリート」品種であると呼ばれる。

「植物遺伝子資源のための国際委員会（International Board for Plant Genetic Resources）」《訳注：多国籍バイオテクノロジー関連企業の第三世界における植物遺伝子資源の開発を正当化する団体》の前理事長であるトレバー・ウイリアムズは、利潤をもたらすのは、そのままの形の資源そのものではないと論じている。そして、植物育種に関する一九八三年のフォーラムで、資源のままの生殖細胞質（すなわち種子の一部）は、時間と財力をかなり投資した後に、やっと価値のあるものになると述べている。(11)

この計算では、農民の労働時間は無価値であると考えられ、無料で使用できるものと考えられている。ここでも再び、すべての発明以前の創造は「自然環境」であると定義される。そして、それは否定され続け、価値を落とされている。

つまり、資本家や科学者にとっては、農民による植物育種は育種ではないとされるのだ。この「原始的な生殖細胞質」が国際的な科学者によって国際的な実験室で近交系と混ぜ合わせられたり、交配させられたりしたときに、はじめて本当の育種が行なわれることになる。言い換えると、法的に認められる「発明」は、多くの条件を満たさねばならない。つまり第三世界の生殖細胞質の混沌状態から遺伝的な意味を最初に読み取り、最終的に市場販売可能な商品として金銭的利益になるときのみ、「発明」は行なわれる。[12] 長期に渡る面倒で高価で常に失敗の危険を伴う戻し交配などが発明の条件なのである。

しかし、農家が発展させてきた土着品種は、遺伝的に混沌としているのではない。また、真の意味で、発明性に欠けているのでもない。それは、過去と現在の農家の経験、発明、勤勉さを体現したものである。改良や選択の歴史の結晶なのだ。品種がたどってきた進化的・物質的な過程は、当然のことながら、その地域社会の生態学的・社会的要求を満たすものである。しかし、これらの品種の必要性は、外資企業による品種の独占によって蝕まれてきている。一万年以上かけた第三世界の農民によって行なわれてきた知的な貢献よりも企業科学者の貢献を優越させることは、社会階級差別以外の何ものでもない。第三世界の農民の貢献は、保護、育種、家畜化、動植物の遺伝資源の発展という形で顕著に現われているのだから。

知的所有権と農業・植物育種に携わる人の権利

パット・ムーニーが論じているように、「実験白衣をきている男性によって実験室でつくられるときのみ知的所有が認知可能であるという考え方は、基本的に科学における差別的な視点である[13]」。

事実、何千年もかけて農家によって達成されてきた遺伝的な品種改良全体のほうが、ここ一〇〇年や二〇〇年で行なわれた、系統的な科学的努力による改良よりも、ずっと大きなものである。市場価値があるかどうかという判断基準は本質的ではないため、農家の種子と自然の種子の価値を否定する理由にはほとんどなりえない。それは、市場の論理の欠陥を示しており、種子や知的な農家の努力の無価値性を示しているのではない。法的な「発明」以前の権利と創造性を否定することは、生命を所有するために不可欠である。バイオテクノロジー業界によってつくられたある小冊子には、次のように記されている。

特許法は、あなたの仕事と生産物の周囲に、実効力を持つ空想的な線を描くと考えることができる。もし、誰かがその線を踏み越えて使用するのなら、また、あなたの発明を創作・販売したり、さらには、誰かが自分自身の商品を使用・創作・販売する際にでも、その線を踏み越えるのなら、特許保護の理由で、告訴することができる。[14]

ジャック・ドイルは、特許の性質を適切に捉えている。彼によると、特許は発明自体にはあまり気をまわさない。その使用範囲の設定に力を注ぐものだ。創造と発明の排他的な使用とその所有権の独占によって、他人の使用範囲を限定する。特許は略奪の道具として機能するわけだ。[15]

新しい植民化を推進するためには、生殖細胞質の保護者である農家から、その所有権を剥奪しなければならない。

土地の植民化と同じように、生命過程の植民化は、第三世界の農業に深刻な影響を与えることは想像に難くない。第一に、農業を基礎としている社会の文化的・倫理的構造を根底から破壊してしまうだろう。例えば、特許の導入により、種子は——それはこれまでは自然からの授かりものとして扱われ、農家の間で自由に交換されていた——、特許化された商品になるのである。

「植物品種の保護のための植物育種家の国際学会」の前会長であるハンス・リーンダーは、種子を保護するという名目で農家の権利の全廃を提案するところまで話を進めてしまった。彼が言うには、

自分自身の農作物の種子を一部保存しておくことが、ほとんどの国で伝統的に行なわれてきた。しかし、技術料を支払うことなしに、農家がこの種子を使い、そこから商業的な農作物を育てることは、公正でないというように変化してきているのが現状である。

種子産業は、よりよい品種の保護のために賢明に戦わなければならないだろう。[16]

遺伝子工学とバイオテクノロジーは、新しいものを創造するのではなく、存在する遺伝子を再認識するにすぎないが、遺伝子の再認識と分離の能力は、所有の権力と権利をもたらすと解釈される。生物体の一部を所有する権力は、さらに、生物体全体を制御する権力へと解釈される。

社会共有の財産を商品に変えることが正当化され、その応用を所有権として取り扱うべきであるという考えのもとに利潤がつくり出されるが、このような企業の社会要求は、第三世界の農家にとって、深刻な政治的・経済的影響を与える。第三世界の農家は、今では、特許による生命体と生命過程の独占を要求する企業と三つのレベルで関係を持つことを余儀なくされるであろう。

第一に、農家は国際企業への生殖細胞質の供給者となる。第二に、遺伝子資源への発明と権利に関して、競争相手となる。第三に、企業の技術的・産業的生産物の消費者となる。言い換えると、企業の特許を保護することによって、農家は資源の無償提供者となってしまい、競争者として立場を追われ、種子のような極めて重要なインプットを産業供給者に完全に依存するようになってしまう。企業は異常なまでに農業分野の特許保護を主張しているが、それは、まさに、農業における生物学的資源を掌握するための策略なのである。

特許保護が発明に必須であると議論されるが、それは、企業ビジネスのための利潤を蓄積する発明にとってのみ必須なのである。結局のところ、所有権や特許保護なしでも、公的な研究機関は何十年も発明を続けてきており、農家は何世紀も発明を続けてきているという事実があるのだ。

さらに、「植物育種家の権利」として農家によって主張されているものとは異なり、新しい実利特許は非常に広範囲のものを含んでおり、それぞれの遺伝子やその性質にさえ、独占権を認めるものである。植物育種家の権利として農家によって主張されているものは、種子の生殖細胞質の所有権は含まない。特定の品種の販売と市場化に関しての独占権を認めるだけである。それに対して、特許は、植物全体だけでなく、植物の部分や過程も含む多面的な主張を許可するのである。つまり、アンソニー・ディエペンブロック弁護士によると、数種の農作物品種、そのマクロな部分（花、果実、種子など）、ミクロな部分（細胞、遺伝子、プラスミドなど）、そして、そのような部位を働かせる新しい過程で、あなたが開発したものなら、すべて一つの多面的主張として、これらの保護のために公式に書類を提出することができる。(17)

特許保護は、これらの遺伝子資源への農家の権利を否定することを意味する。このことは、農業の最も基盤となるものを破壊することになる。例えば、米国では、非常に高いレベルのオレイン酸を含むヒマワリの品種に対してサンジーン社というバイオテクノロジー企業に特許が与えられた。この特許は、性質（つまり、高いオレイン酸レベル）へ与えられたものであり、その性質を作り出す遺伝子だけに与えられたのではない。サンジーン社は、現存のヒマワリ育種家に、高いオレイン酸レベルを持つ品種を開発することは、それがどのようなものであれ、この特許への侵害であることを告知した。

植物の特許化に関する歴史的な出来事は、米国の一九八五年の判決である。これは、ヒブバードの判決《訳注：種子企業へ全面的な特許を認可するとともに、種子市場の独占を事実上法的に認めた判決》として現在では有名である。この判決では、分子遺伝学者ケネス・ヒブバードとその共同発明者に、組織培養、種子、そして、組織培養から選択されたトウモロコシの系統の植物全体に関する特許が与えられた[18]。

ヒブバードの申請した特許の対象は、二六〇以上に分別される。その主張は、分子遺伝学者に二六〇項目すべてについて、他の人々の無断使用を排除する権利を与えるものであった。ヒブバードは明らかに、企業間競争という意味で新しい法的な脈絡を提供したが、その最も大きな影響は、農家と種子産業の間の競争の激化にある。

クロッペンバーグが指摘しているように、ヒブバードの判決とともに、司法上の枠組みは、種子産業が最も長く思い焦がれてきた目標の一つを現実化できるような体制になった。つまり、農家が再生産によって種子を得るのではなくて、すべての農家が毎年種子を買わざるを得ないような状況にすることである。産業特許は、他人がその生産物を使用することを認めるが、それを作る権利を否定する。たとえ種子がそれ自体をつくることができる場合でも、種子に対して強力な実益のある特許を与えれば、特許化された種子を購入する農家はその種子を使う（育てる）権利があるが、それをつくる（維持あるいは再び植える）権利はないことを意味する。もし、ＧＡＴＴのダンケル・ドラフト《訳注：ＧＡＴＴ長官のアーサー・ダンケルによって草稿された、生物への特許や自由貿易に関するＧＡＴＴに組み込まれた条約》が施行されれば、特許化あるいは保護された植物の種子を維持したり、再び植えたりする農家は、法律を破っていることになってしまうであろう。

知的所有権を通して、自然界、農家、女性に所属するものを取り上げ、この侵略を「改善」や「進歩」と呼ぶような試みがなされている。それは、富の創出の道具となる。暴力と略奪は、新しいテクノロジーを使って自然と我々の身体を植民化するために必須である。搾取されるものは犯罪者となり、搾取するものは法的保護を受ける。この立場では、欧米に代表される北部諸国は、インドなどの南部諸国から保護されなければならないと主張されるだろう。それによって、第三世界の遺伝的多様性の略奪を邪魔されずに続けることができなければならないとも主張されるだろう。

ＧＡＴＴにおける種子戦争、貿易戦争、特許保護、そして、知的所有権は、分離と断片化を通した所有の主張なのだ。米国によって要求された権利制度が施行されれば、貧困な国から裕福な国への資金流出のために、これまでの一〇倍以上も第三世界の境遇を悪化させるかもしれない。[19]

しかし、逆に、米国は、第三世界の行為を海賊行為だとして非難している。失われた技術使用料の見積もりは、農業化学物質において年間二億二〇〇〇万ドル、製薬物質において年間二五億ドルである。[20]

一九八六年度の米国商務省の調査によると、米国の会社は、知的所有権の不適切な保護のために、年間二三八億ドルを失っていると主張している。

けれども、カナダの田園発展基金インターナショナルのチームが示したように、もし、第三世界の農民と部族の人々の貢献が考慮された場合、立場は劇的に逆転する。米国は、第三世界の国々に、農業技術料として三億二〇〇〇万ドルを負っていることになり、製薬物質では、五一億ドルを負っていることになる。言い換えると、これらの二つの生物学部門だけでも、米国は、第三世界に二七億ドルの負債を抱えていることになる。[21]

これらの負債が表向きに指摘されないようにするため、知的所有権の規制を通して、創造の境界線をつくることが必須となる。それなしでは、生命更新の再生過程を植民化することは不可能である。このような行為が、特許保護、発明、進歩という名で許されるのであれば、生命自体が植民化されるのも時間の問題になってしまう。

現在では、土着の種子、地域固有の知識、農家の権利がどのように取り扱われるべきかという点において、異なった二つの立場がある。一つは、種子と生物多様性の本来の価値を認識し、農業の発明と種子の保護への農家の貢献を謝辞し、特許を遺伝的多様性と農家の両方ともへの脅威として考える立場である。これは、世界中に広まってきている。世界的なレベルで、農家の権利を見える形にした最も重要な綱領は、「植物遺伝資源の食料・農業機構会議」によるもの《訳注：一九八三年にローマで行なわれた会議に基づく綱領[22]》と「キーストーン・ダイアローグ」によるもの《訳注：一九九一年にコロラドで行われた会議に基づく綱領[23]》である。地域社会のレベルでは、アジア、アフリカ、ラテン・アメリカの地域社会が、彼らの土着の種子を維持・再生するための段取りを整えている。第二章で述べたように、我々も「土着種子保護」という意味の「ナブダンヤ」というネットワークをインドにつくった。

しかし、これらのイニシアチブにもかかわらず、地域固有植物の多様性を特許化された品種で置き換えようという第二の立場が優勢である。同時に、種子企業から圧力をかけられている国際企業は、農家の知性と権利を否定する知的所有権の規制を推し進めている。例えば、「植物新品種の保護のための国際会議」《訳注：スペインのバルセロナで行なわれた、多国籍企業の立場を主張した会議》の一九九一年三月の改正案では、農家の権利――種子を維持し、再び植える権利――を国家の決断次第で奪うことを許可している。[24] また、遺伝子資源の私有化の動きとして、国際農業研究評議委員会《訳注：多国籍企業の立場を保護する目的の団体》は、一九九二年五月二二日に国際遺伝子銀行に維持されている遺伝子資源の私有化と特許化を認可する政策を発表した。[25]

特許への最も強い圧力はGATTから、特に、TRIPと農業に関する協定に関するものから生じる。[26]

人間を生命操作する

テクノロジーによって、種子は「生きている再生可能な資源」から、「単なる物体」に変えられてしまうことをこれまで説明してきた。同じように、女性の価値も引き下げられることをここで述べておく必要がある。例えば、生殖過程は、女性の身体に起こる機械的な過程にすぎないとみなされる。その場合、女性の身体は断片化・崇拝化された取り替え可能な部分の集合体として、医学専門家によって取り扱われる。そのような事態は米国で最も進んでいるとはいえ、それは第三世界にも広がってきている。

出産の機械化は、帝王切開の使用頻度の増加に顕著に現われている。重要なことに、この方法は、医者にとっては最大の管理体制が必要とされる一方、女性には最小の労力しか必要とされない。この方法は、出産における最高の技術提供であると見なされている。しかし、帝王切開は、外科的な方法であり、合併症を起こす可能性は、産道からの正常な出産に比べて、二倍から四倍も高い。帝王切開は、正常な出産の場合ではなく、危険な出産の場合に用いられる方法として導入された歴史があるが、それが不必要な場合にも日常的に行なわれたら、健康への脅威、さらには生命への脅威とさえなる。

そして現在では、ほとんど四人に一人のアメリカ人は、帝王切開で生まれている。[27]

ブラジルは、世界でも最も帝王切開の割合の高い国の一つである。社会保障制度に参加している患者に関するブラジル全土を対象とした研究によると、帝王切開の実施率は、一九七四年の一五%から、一九八〇年の三一%へと増加している。サンパウロなどの都市の領域では、七五%という高い実施率が観察された。
植物の再生に関しては、緑の革命のテクノロジーからバイオテクノロジーへと移行されてきたが、植物の再生と並行した転換が人間の生殖に関しても行なわれた。新しい生殖技術の導入に伴って、母から医者へ、女性から男性への知識と技術の場所変えが、今後もいっそう激化されるであろう。
例えば、『生殖革命』において、ピーター・シンガーとデアン・ウェルズは、精子の生産は、卵子の生産よりももっと価値があることであると示唆している。彼らは、精子を売ることは、男性に大きなストレスをかけ、それは、女性が卵子を提供する場合よりも、ストレスがかかると結論している。女性の場合は、化学的・機械的な身体への介入が必要であるにもかかわらずである。[28]
試験管内受精などの技術は、現在では、異常な不妊症の場合のみに実施されているが、自然と非自然の境界は流動的である。そして、異常な場合に用いるために考案された技術がより広く使用されるようになると、正常性は異常性として再定義される傾向にある。妊娠が医学的な病気へと最初に変化させられる前は、専門的な管理は異常な場合のみに限定されており、正常な場合は、従来からの専門家である助産婦たちによって面倒がみられる習慣が続けられていた。一九三〇年代には、イギリスでは七〇％の出産が家庭出産が可能なくらい十分に正常であると考えられたが、一九五〇年代までには、それと同じ割合が病院出産を必要とするほど十分に異常であると考えられたのである！

新しい生殖技術は、深く父権社会に基づいた信条を再確認するための現代的な科学的説得力を提供した。女性が容器であるというアイディア、そして、胎児が父親の種子から創造され、父権によって所有されるものであるというアイディアは、論理的に母親と胎児の有機的なつながりを断絶することを正当化するのである。

医学専門家は、自分たちこそ赤ん坊をつくり出すことに大きく貢献しているという誤った信条を抱いており、そのために、自分たちの知識を母親に強要する。医者は、自分たちの知識を絶対的なものであると考え、昔からの女性の知識を野蛮なヒステリーの現われだと考える。そして、医者の断片的で侵略的な知識を通して、「母親」対「胎児」という対立的な構図をつくり出す。そのなかで、生命は胎児のみに認められ、母親は赤ん坊の命を脅かす潜在的な犯罪者にまで価値が下げられてしまうことすらある。
「母親」対「胎児」という誤った構図は、出産という女性と助産婦の領域への男性の医者による父権的な乗っ取りの基本となっている。皮肉にも、その一世紀後、この構図は女性の生き方の「選択」の基本的権利として、フェミニストによって採用された。現代女性による「人生の選択肢を広げる運動」は、男性の生き方への追従にすぎず、それゆえ、女性と生殖の父権的な権力構造を基礎としていると言わねばならないだろう。

テクノロジーを介して医学的に生命を捉えることは、しばしば、人間について考え、知ろうとしている女性の生きた経験と矛盾した結果をもたらす。そのような矛盾のために医学への疑問が生じるとき、父権的科学と法律は互いに手を取り合い、専門家としての男性が女性の生命を掌握しようと努力する。このことは、生殖代理物の使用と新しい生殖技術に関する最近の研究によって立証されている。生殖能力に関する女性の権利は否定され、生産者としての医者と消費者としての裕福な不妊夫婦の権利が重要であるとする社会の変化が起こってきたのである。

女性の身体が機械として搾取されようとも、その女性が医者と裕福な夫婦からの保護を必要としていると考えられるのではない。その代わり、消費者として養子を迎えたがる男性の親こそが、代理子宮へと還元された生物学的な母親からの保護が必要だとみなされる。

このことは、有名なベビー・Mの判例《訳注：人工授精後、代理母に出産させた子どもに対する親権争いに関する判決》で典型的に示された。その裁判では、マリー・ベスは当初は自分の子宮を貸すことに同意したが、赤ん坊を持つことの意味を経験したあと、考えが変わった。今までの費用を返済し、子どもを自分で育てたいと思ったのだ。しかし、ニュージャージー州の判事は、男性の精子に関する当初からの契約は侵すことのできない神聖なものであると結論した。つまり、妊娠と出産は神聖なものではないと判断したというわけだ。このような司法の考え方について、フィリス・チェスラーはその著書『神聖な絆』の中で次のように述べている。「司法と医療の専門家たちは、まるで一九世紀の宣教師のようだ。マリー・ベスは、まるで文明化への改宗を拒む特に頑固な先住民であるかのようだ。さらに、暴力に訴えることなく、自然資源の略奪を拒む先住民のようでもあった(29)」。

リラキシンという女性の卵巣でつくられ、貯蔵され、産道の拡張を援助して出産過程を速やかにするホルモンがある。このホルモンの遺伝子配列の分析に対して申請された特許願書に、不条理なレベルにまで拡張された創造者としての男性の役割を見て取ることができる。女性の身体の中で自然につくられる物質が、ピーター・ジョン・ハッド、ヒュー・デイビッド・ニル、ジョフェリー・ウイリアム・トレギアという三人の男性科学者の発明として取り扱われているのだ。[30]

ホルモンの所有は、それゆえ、侵略的・断片的な技術を通して得られるものだ。そして、断片化する技術と統制力によって資源と人々を所有することこそが、父権的な知識を他人に行使する権力の基本的構図を形成しているのである。

そのような意識改革は、三つの分離的視点を受諾することに基づいている。精神と身体の分離、男性の活動を知的であるとし、女性の活動を生物学的なものにすぎないとする性的な分離、そして、知ろうとしている人と知っている人との分離である。これらの分離を認めることは、政策的に「創造の境界線」をつくりだすことになる。この境界線は、男性を「考える能動的な存在」、女性を「考えない受動的な存在」として分離し、さらに、男性を自然から分離するものである。

バイオテクノロジーは、知的所有権を通して、自然と文化の間に明確な境界線を引くための道具として機能する。つまり、女性と農家の知識と業績を人間以外の「自然環境」にすぎないと定義するために用いられる道具である。言い換えると、支配のための現代的な文化的道具である。しかも、これらの父権的構造をつくることが、「自然な行為」であるとされる。しかしながら、父権社会にはまったく自然な面は存在しないことは明白である。クローディア・フォン・ウェルホフが指摘しているように、支配する者の立場では、搾取されるべき「自然環境」という言葉には、無料あるいは可能な限り安価で得ることができるものすべてが含まれる。社会的労働力による生産物もそれに含まれる。女性と第三世界の農家の労働力は、「非労働力」と言われ、「単なる生物学的な存在」であると言われ、「自然の資源」であると言われる。つまり、彼らの生産物は、搾取されるべき自然の埋蔵物のようなものなのである。(31)

生産境界線と創造境界線

価値あるものの価値を否定し、労働を非労働、知識を非知識と再定義することは、二つの非常に強力な構図によって達成されている。その構図とは、生産境界線による囲い込みと創造境界線による囲い込みである。

生産境界線は、生産過程から再生・更新の生産循環を除外する政治的な構造である。例えば、国民総生産から成長を計算するために使用される国民会計システムは、「もし生産者が自分の生産するものを消費する場合、実際には何も生産していないことになる。なぜなら、それらは、生産境界線の外側に位置付けられるからである」という仮定に基づいている[32]。

つまり、自分の家族、子ども、自然のために生産する女性は、すべて非生産的であり、経済学的に不活性であると扱われるのだ。生物多様性に関する「環境と発展に関する国連会議」における議論においても、自分自身のための生産は市場的失敗であると考えられた[33]。

経済的興味が市場のみに限定されているとき、経済的に自給自足することは、経済学的欠陥であると見なされる。女性の仕事の価値と、第三世界の自給自足経済において行なわれた仕事の価値を否定することは、資本主義父権社会によって構築された生産境界線による囲い込みが招く当然の結果である。

創造境界線は、知識に対して、生産境界線が達成できないことを遂行する。それは、女性と第三世界の農民と部族の人々の創造的な貢献を否定するものである。そして、彼らを思考できない、繰り返しばかり行なう、生物学的な過程に従事する存在にすぎないと見る。生産を再生から切り離し、商業的生産だけを経済学的であると位置付け、再生産を生物学的なものにすぎないとして見下すことは、社会的・政治的につくられたものである。それでも、基本的な「自然な行為」であると扱われるのだ。

創造境界線を父権的な意味に用いることは誤りであると断言できる多くの理由がある。第一に、「男性の活動は何もないところから始められるため、それは真の創造である」という仮定は、生態学的に誤りである。技術的な人工物や産業的商品でも、何もないところから生まれたものは何もない。以前に何もないところからは、どのような産業過程も生まれることはない。自然とその創造性および人々の社会的労働は、開発されるべき物質やエネルギーとして、産業生産のすべてのレベルで酷使される。しかし、バイオテクノロジー―産業の種子は、特許によって保護されるべき創造物として扱われるが、農家の種子がなければ、それは存在しなかったであろう。

また、「産業生産物は何もないところからつくられるため、そのような生産方法だけが真に創造的である」という仮定は、それによってもたらされる生態学的な破壊の重大さを覆い隠してしまう。父権的な創造境界線は、生態学的な破壊を「創造」であると知覚させ、逆に、再生現象が生態学的な循環を破壊し、持続性の危機をつくり出していると見なす。しかし、生命を維持するということは、何であれ、生命を再生することを意味するはずである。父権的な視点によると、再生することは創造することではなく、繰り返しにすぎないと見なされるのだ。

このような創造性の定義は、明らかに誤りである。なぜなら、それは女性の仕事と生活のための生産者の仕事は育児と耕作を含むことを考慮していないからだ。そのどちらも再生能力を保存する行為であることを無視してはならない。

創造というのは「新しさを還元したもの」を意味するという仮定も、また、誤りである。再生は単なる反復ではない。それは、多様性に貢献するものである。いっぽう、工学的過程は単一性をつくり出す。事実、再生過程は、多様性が生まれ、更新される方法そのものである。どの産業過程も何もないところから生まれることはないが、この父権社会の創造性の神話は、一般にはまだ知られていない状態にある。特に、生命体が産業生産の搾取されるべき物質として取り扱われるバイオテクノロジーの場合にそうである。

つながりを再構築する

女性と自然を掌握する父権社会の権力の源は、分離と断片化にある。自然は文化から切り離されており、自然は文化に従属させられている。精神は物質から分離され、その分離されたものが物質以上に価値のあるものだとされた。女性は男性から分離され、人間以外の自然環境の一部であり、物質的存在であると同定された。女性と自然に対して権力を振るうことは、父権社会の一つの帰結であるのだ。

そして、再生の循環を妨害してしまうことが、父権社会のもう一つの帰結である。病気の蔓延と生態学的な破壊は、生命と健康を更新する循環を妨害することから生じる。健康と生態が危険にさらされている現在、種子と女性の身体の操作を含めて世界を完全に操作するはずの男性の能力そのものが、疑問視されることを示している。つまり、自然界は、父権社会が仮定しているような、要素に分けられる受動的な構造ではないのだ。エコロジーの問題は、我々の自然との相互作用における均衡の是非を認識するように強いる。人と自然のつながりや関係を理解し、かつ、それを感じ取ることは、エコロジーの緊急課題であると言わねばならない。

エコロジー運動の社会貢献として重要なことは、「精神と身体、人間と自然の間に分離はない」という認識を高めたことである。自然界は我々の生命と健康に必要不可欠な条件を提供する。そのような関係とつながりが必要なのだ。この「つながりと再生」の認識を機軸とする政策は、生態学的破壊を起こしている「分離と断片化」の政策の代替となることができるはずだ。それは、自然界と一致団結するという政策である。このことは、自然と文化が、分離や相反するのではなく、互いに浸透していくような方法で、根本的に変化していくことを意味する。再生を機軸とする政策においては、自然界と協力していくことが推進されるのだ。それは同時に、女性にとっては、自分たちと自然の活動に内包される創造性を再び主張することにつながる。

この政策には、還元主義的なところは何もない。なぜなら、それは、女性と自然を「受動性」に還元するという父権的な定義を否定することに基づいているからである。また、この政策には、権力的・絶対主義的なところは何もない。なぜなら、自然のものは、多様な条件における多様な関係を通して構築されるからである。

自然な農業や自然な出産は、人間の最高レベルの創造性と感受性に関するものである。それは、協力・参加することからつくられていく創造性と知識であり、分離から生まれるものではない。自然と共同する政策は、女性と地域社会の日常生活につながりをだんだんと取り戻していく政策であり、実践活動と多様性を通して再生過程を再評価するための政策なのである。

Chapter Four
Biodiversity and People's Knowledge

生物多様性と人々の知識

Chapter Four

熱帯地方には、様々な生態系が繁栄している。地球の生物学的多様性の揺りかごである。(1) そして、大多数の第三世界の国々は熱帯地方に位置しているため、そこには生物学的多様性が授けられている。現在、その破壊が急速に進行している。この生物多様性の大規模な破壊には、二つの原因がある。

(1) 国際的に資金援助された巨大プロジェクトに起因する環境破壊。生物学的多様性に富む地域でのダムの建設、高速道路の建設、採鉱、水産養殖などがこれに当たる。その一例として、「青い革命」《訳注：地域の生態系に存在しない生物を導入することによって水産資源の収穫量を増加させることを目的とした計画》がある。これは、集中的なエビの養殖によって海洋の多様性に富むサンゴ礁地域ばかりではなく、農業の多様性に富む内陸においても破壊が進行することを示した。

(2) 林業、農業、漁業、酪農において、多様性を同質化させる技術的・経済的圧力。その一例として、「緑の革命」《訳注：高収穫量の植物と新しい化学肥料の導入によって収穫量を増加させることを目的とした計画》がある。これは、生物学的な多様性を均一性へと変貌させ、単一品種栽培を促進することで生態系の虚弱化・変質化を招いた。

生物多様性を侵害すれば、その被害は次々と連鎖していく。ある生物種が消滅すれば、食物連鎖を通して相互関連を持つ、数え切れないほどの他の生物種を絶滅へと追い込んでしまう。さらに、生物多様性の危機は生物種の消滅の危機だけではすまされない。生物多様性を軽視する世界では、生物は単なる工業生産のための原材料として扱われてしまう。企業の利潤をあげる可能性を秘めているからだ。けれども、さらに基本的に考えなければならないことは、生物多様性の危機は、第三世界の何百万人もの人々の生計と生命を脅かす危機だということである。

生物多様性は人々の資源である。確かに、産業化した「裕福な社会」は、生物多様性に背を向けた。しかし、第三世界の貧民は、食物と栄養、ヘルスケア、エネルギー、繊維、住居を生物学的な資源に依存し続けている。

新しいバイオテクノロジーの出現は、生物多様性の意味と価値を変えてしまった。貧しい地域社会が生計を維持する基盤としての多様性は、強大な企業のための原材料となってしまった。「グローバルな生物多様性」や「グローバルな遺伝子資源」などという話題が持ち出されることが多くなってきたが、生物多様性は――大気や海洋とは異なり――生態学的に言ってグローバルな共有財産ではないことを認識せねばならない。生物多様性は特定の国に存在し、特定の地域社会によって使用される。生物多様性は、グローバルな企業にとっての資源物質として考えられるようになってはじめて、グローバルなものであると言われるようになってしまったのである。

新しい知的所有制度が出現し、生物多様性の搾取の方法も新しくなり、搾取の程度も過激化への一途をたどっている。当然のこととして、それは生物多様性をめぐる新しい闘争をつくり出した。私有と共有という所有方法に関する対立、および、グローバルな使用と地域的な使用という対立である。

生物多様性は誰の資源か？

生物多様性は、今までは地域の共有資源であった。正当な倫理と持続可能性の原理のもとに資源を使用する社会では、資源は共有財産である。使用者の権利と責任のバランス、および、利用と保全のバランスのうえに共有財産制は成り立つのだ。さらに、自然と共に協力して生産活動に従事できるという感覚や、地域社会の中で成果を共有するという感覚のもとに共有財産制は成り立っているのである。

資源とその利用についての所有権および知識についての概念が、私有制と共有制では多くのレベルで異なっている。共有財産制では、生物多様性の本質的な価値が認識される。これに対して、知的所有権によって支配された制度では、商業的な搾取を通して価値はつくられるものであると考える。知識と資源を共有財産と考える人々は、自然界の創造性を認識する。深い洞察力で知られる生物学者ジョン・トッドが述べているように、生物の多様性は生物体という形で三五億年間続けられてきた実験の結果としての知性を集積しているると言える。人間の生産活動は自然界との共同の生産活動であり、共同の創造活動であると見なされる。

それに対して、知的所有権制度は、自然界の創造性の否定に基礎を置いている。地域固有の知識と共有の知的創造性を侵害するのだ。さらに、知的所有権は真の創造性の本質的な認識ではなく、資本投資の保護に過ぎないため、知識自体と知識から得られる生産物と生産過程の所有を推進する傾向がある。それは、知識が資本の集積の方向へと流れていくことであり、資本のない貧民から知識が流出することを意味する。それゆえ、知識と資源は、その元来の管理者・提供者から段階的に離れていき、多国籍企業の独占となる。

　このような傾向を通して、生物多様性は、地域共有物から「囲い込まれた私的所有物」へと変質した。実際、生物体と生物多様性という共有物の囲い込みは、知的所有権の目的である。囲い込みはＧＡＴＴのＴＲＩＰと「生物多様性会議」の影響力のため、一般的な社会制度であるとされつつある。それはまた、生物資源開発の基本的な方法でもある。

　知識と生物多様性を私有化するために中心的な役割を果たしているのは、地域固有の知識の価値の引き下げや、地域の権利の否定である。同時に、生物多様性の利用に関して新しく独占権を生み出したことも私有化に大きく貢献している。

　このような批判への反論として、独占は伝統的な地域社会でも存在すると論じられることがある。しかし、それは極論にすぎない。例えば農業の場合、種子と知識は「贈り物」として自由に交換される。同様に、薬用植物に関する知識は、地域共有の資源である。

植物を基礎とした治癒体系は、二つの種類に分けられる。民間の医療体系と特定の医療体系である。後者はアーユルヴェーダ、シダハ、ウナニ《訳注：古代インドから伝わる精神的側面を強調する総合的な医療体系。特にアーユルヴェーダは現代においても代替療法のひとつとして知られている》などに代表される。しかし、特定の医療体系でさえも、民間の知識に頼っている。アーユルヴェーダの古典『チャラカ・サムヒタ』《訳注：数あるアーユルヴェーダの文献のひとつ》の中で、地域固有の医師は以下のように助言されている。

牛飼い、遊牧民、森に住む人々、狩人、園芸家から助言を得、植物の形や性質から、薬用植物について学ぶことが必要である。[2]

アーユルヴェーダの知識は、人々の日常の知識の一部でもある。民間の伝統と特定の医療体系は相互扶助の関係にあるのだ。これは、製薬会社が支配している医療と産業の体系とは大きく異なる。西洋の体系では一般の人々はそれを知るべきことだと考えていないからだ。非西洋の医学体系が西洋の体系と異なっている点は他にもある。例えば、地域固有の医者は、自分の仕事を通して商業的な独占を行使しない。知識を自由に交換することはないかもしれないが、自分たちの知識から得られる利益を自由に人々に分け与える。無限な私利私欲のために知識を使うことはない。その行為は、インドでは「グヤン・ダアン」――知識の付与――と呼ばれる。

それに対して、西洋では、特許の有効期間中は知識の使用が限定され、知識は利益のために搾取される。これが、まさに知的所有権の論理である。知的所有権は地域固有の知識や共有物とされてきた生物多様性を下手にいじくりまわすことで、「知的資源の囲い込み」から「物質的資源の囲い込み」へと発展する。結果として、人々は生存と創造に必須の知識と資源の利用権を失い、さらに、文化的・生物学的な多様性を保護する立場も失う。

知識にまつわる問題として、二つの重要な歴史的傾向がある。「機械的な還元主義という西洋のパラダイムが生態学的・保健的危機の根源であり、それに対して、非西洋の知識体系は生命の尊厳をより大切にしている」という認識が、人々の間に成長してきている。これが、第一の傾向である。しかし、反面では、地域の知識体系に人々が目覚めたまさにそのときに、ＧＡＴＴは西洋体系の独占強化と地域体系の価値の下落を目指して、知的所有権を楯として利用している。これが第二の傾向である。知的所有権の独占を確立するために地域の知識を搾取しながら、すでにそれは行なわれてきた。

地域固有の知識と知的所有権

地域の知識を基礎として同定された植物を用いた生産物および生産過程に特許を与えることは、知的所有権に関する大きな問題となっている。以下に示すニームに関する特許は、その一例にすぎない。

インドに自生する美しい樹木であるニーム *Azarichdita indica*《訳注：日本語ではインドセンダンと呼ばれる樹木》は、生物農薬および薬用として何世紀間も使われてきた。インドのある地方では、ニームの木の柔らかい新芽を食べることで新年を迎える。他の地方では、ニームの木は神聖なものとして崇拝されている。薬用・抗菌作用による歯の衛生効果のため、毎朝ニームの歯ブラシ（ダッツン）を使う地方がインドのいたるところにある。インドの地域社会は、野原や海岸、庭先、共有地などに生えているニームを繁殖させ、保護しつつ、利用してきたのである。敬意をもってニームを世話し、知識の蓄積に何百年も労力を投資してきた。

今日では、この伝統は知的所有権という形で略奪されつつある。西洋世界はニームの木とその性質を何世紀間も無視してきた。インドの農民や医者の行為に注意を払う価値はないと、ほとんどのイギリス、フランス、ポルトガルの植民者たちは考えてきた。しかし、最近の数年間、西洋において人工化学物質、特に農薬への反対の気風が高まる中、急にニームの薬理学的性質に興味が持たれるようになった。一九八五年以降、安定なニーム・ベースの溶液と懸濁液の調合法に関する特許が一二以上も米国と日本の会社によって獲得された。ニーム・ベースの歯磨き粉の調合法さえ特許化されたのだ。そのうち、米国のW・R・グレース社によって少なくとも四つの特許が所有されており、別の米国の会社、ネイティヴ・プラント研究所によって三つの特許が所有され、日本のテルモ社によって二つの特許が所有されている。

グレース社は、特許取得後に米国環境保護局から販売許可が得られることを見込んで、製品の生産と販売のための基地をインドに確立するプロジェクトに乗り出した。グレース社は、多くのインドのニーム製品生産者に、その技術の買い上げを持ちかけたのである。あるいは、技術的な価値のある製品の生産を停止し、その代わり、もともとの資源物質をグレース社に供給するように説得した。他の特許を持つ会社も同様の行動に出ると思われる。『サイエンス』誌は「ニームからお金を搾り出すことは、比較的やさしいはずである」と述べている。[3]

『農業バイオテクノロジー・ニュース』誌は、W・R・グレース社の加工工場を「世界初のニーム・ベースの生物農薬生産施設」と称した。しかし、ほとんどすべてのインドの家庭や村落には、そのような施設がある。インドの農村産業組織（クハディ）と村落産業委員会は、ニーム製品を四〇年間も使用・販売している。個人企業も、「インディアーラ」のようなニーム・ベースの農薬を確立した。ニームの歯みがき粉は、地方の企業であるカルカッタ・ケミカル社から、何十年間も生産されてきた。それにもかかわらず、W・R・グレース社は、現代的な抽出方法は正真正銘の発明であるという主張を根拠として、その特許を正当化している。

これらの特許化された生産物および生産過程は、伝統的な知識を参考として開発されたことは確かだが、特許取得に値するほど十分に新しく、もともとの自然生産物および伝統的方法とは十分に異なっていると判断された[4]。

簡潔に言えば、その過程はインドの方法の進歩した形にすぎないが、それでも十分に新しいと判断された。しかし、この「新しさ」は、西洋がインドの伝統技術を無視するという脈絡の中でこそ存在することができるのである。二〇〇〇年間以上も、ニーム・ベースの生物農薬と薬用剤は、インドで使われてきた。そして、その活性物質にはラテン語の科学的な名前が与えられることはなかったが、特定の用途に使えるように多くの複雑な方法が開発されてきた。

「インド中央害虫農薬会議」は、ニーム製品を一九六八年の害虫農薬規約のもとに登録することはなかった。その第一の理由は、ニームに関する共有知識とその利用法の歴史的汎用性にある。ニームは、記録にないほど昔から副作用のない物質として知られており、様々な目的のためにインドで広範囲に使用されてきたからである[5]。

生物多様性は、様々な性質を持っているため、人間の需要に合うように利用することができる。ニームの木が生物農薬的な性質を持っているという知識は、民間の汎用知識――基本原理の知識――となっているのだ。この知識に基づいて、ニームから様々な製品を開発するために様々な技術過程が使用される。それは当然のことであり、格別に新しいことではない。

些細な知識――技術的な過程をいたずらにいじりまわすような知識――を理由に、ニームへの知的所有権を主張するのは、二つの理由から不合理なことである。第一に、それは、自然界の創造性と他の文化の創造性を特定の所有者のものと主張するからである。第二に、ニームの場合、特許所有者が生物農薬の性質をつくったという誤った主張がされるからである。特定の生物種が特定の性質の創造の源泉であり、特定の地域の人々が特定の性質を使用する知識の源泉なのである。そのことを謝辞するのではなく、わずかな改良を創造の源泉であると誇張することは不合理以外の何ものでもない。

知的所有権の問題は、価値観の問題と緊密に関連している。もし、資本と結びついたものだけに価値があると見なされるならば、微妙な改良こそが価値の付加に必要であることは確かであろう。同時に、その源泉（生物学的な資源と地域固有の知識）から価値は取り払われ、それは開発されるべき単なる物質にまで価値を下げられることになってしまう。

しかし、実際には、単なる改良は源泉としての価値をつくり出すことはない。製品の価値はその資源の性質によって決まる。この場合、資源とはニームであり、ニームがどのように加工されたかによって価値が決まるのではない。同じ加工法で、他の生物種に適応されたら生物農薬をつくり出せるわけではないのである。そして、ニームから生物農薬ができるという知識の源泉は社会である。つまり、加工方法の発明にはあまり大きな意味はないが、技術を楯とした権力がそれを大きく支えているのだ。

知的所有権は、生物多様性と共有知識の私有化を促す。「生物資源開発」という言葉は、この新しい囲い込みの状態を表現するためによく使われるようになってきた。

生物資源開発と人々の知識

生物多様性は、文化の多様性の繁栄の中で保護されてきた。地域固有の知識体系に基づいて生物多様性を利用しつつ再生するという非中央集権化された経済・生産活動が文化として築き上げられた。それに対して、単一文化は、中央集権的な管理のもとに構築・再生される。実際には、それは生物多様性を消費するばかりである。

生物多様性保護運動の目的は、多様性と非中央集権化を基礎とした経済的基盤を拡大することであり、かつ、単一文化・独占・非持続性に基づいた経済的基盤を縮小させることである。両方の経済体制とも生物多様性をインプットとして使うことは確かだが、多様性に基づいた経済体制だけが、多様性をつくり上げることができる。単一文化の経済体制は、単一文化をつくるだけである。

知識と生産に関する地域固有の体系が西洋の支配的な体系と関係を持たなければならない場合には、地域社会体系や支配的体系の将来の選択肢が広がるかどうかを考慮することが重要であろう。つまり、多様な地域社会の将来の選択肢を広げてくれるのは、どの知識であり、どの価値体系なのかということである。

世界資源研究所は、生物資源開発を「商業的価値のある遺伝的・生化学的資源の発掘」と定義した(6)。金塊や石油を資源として発掘することに喩えているのである。確かに、生物多様性は、製薬・バイオテクノロジー企業にとって急速に「緑の金塊」あるいは「緑の石油」となりつつある。このような考え方では、生物多様性の使用と価値は、開発者が決定するかのような印象を受けてしまう。しかし、生物多様性は、実際には、地域の社会によって所持されていることを真剣に受け止めるべきである。

さらに、この金塊や石油の資源開発との比喩は、発掘される以前には資源は誰にも知られていない状態で埋もれているため、そのままでは価値のないものであるということをほのめかしている。しかし、金塊や油田とは異なり、地域社会にはその利用法と価値はすでに知られており、生物資源開発の契約によって地域社会から知識が奪われるのが実情である。

このように、生物資源開発を金塊や石油の発掘に喩えることは、それ以前の使用・知識・生物多様性に関する地域住民の権利を覆い隠す。西洋資本主義社会の代替となる経済体制は消え失せ、いかにも西洋の採掘者のみが、生物多様性の医学的・農業的使用法をつくり出したように映し出される。それにともなって、知的所有権の形での独占が「自然」であると思えるようになる。自由に交換される知識——ニームなどの薬用植物の使用法など——が衰退したとき、知的所有権を持つ企業が生物農薬やガンの治療薬などの唯一の創造者だとみなされるようになる。加工や生産過程に排他的な独占権を行使することは、代替的体制の欠如のもとに、合理的だとされるようになった。そして、代替的体制は、生存したとしても、非合理的だとみなされてしまう。

西洋の企業によってのみ有用なものや価値のあるものがつくられるという偏見は、西洋的視点から生物資源開発について分析するときに明確に現われる。ある人は生物資源開発に賛成の立場から以下のように述べている。

遺伝的・生化学的な資源に対する企業の関心が高まってきた。多くの研究機関や自然保護機関が、資源や生物多様性の損失に直面することは避けられない。それにともない、生物学的なサンプルの収集・供給者と製薬・バイオテクノロジー企業の間で契約合意することが、より重要になってくるであろう。遺伝学的・生物学的につくり出された生産物の開発によって創造された価値の一部が、生物多様性の保護者であり続けてきた国々

や人々に還元されることが契約書を通して保障される。(7)

生物資源開発によって価値が創造されるという概念は、地域固有の植物や知識の価値が破壊されている事実を覆い隠す。特定の植物の遺伝子だけが価値を獲得するに従って、その植物自体は価値のないものになってしまう。特に、その遺伝子が試験管内で複製される場合にはそうである。利用可能な植物の性質を見い出すのは地域社会であるが、その社会全体が——生活習慣や知識体系とともに——価値のないものになってしまう。

農業・保健関連部門における特許商品のための市場拡大という生物資源開発の目的について、我々は熟考してみる必要がある。生物多様性の商品化を目指した資源開発を進める企業が、種子・生物農薬・製薬製品の市場拡大を図るために、代替的価値観と代替的知識体系に基づいた経済体制を脅かしているのだ。

地域社会が会社に知識を売るように求められるとき、それは単なる売買以上のものを意味する。それは伝統を継続していく権利と知識や資源を自給自足するという生得権を売るように求められていると言えよう。このことは、種子の産業化や第三世界の知識による植物起源の薬剤の生産という形で、すでに起こっていることである。

　現在までに高等植物から単離され、現代医学で広く使用される一二〇種類の活性物質のうち、七五%は、その使用法が伝統的に知られている。単純な化学反応によって合成されているものは一二種類以下ほどしかない。残りは直接植物から抽出され、その後に精製される。(8)

　また、伝統的な知識を使用すれば、植物の医学的な利用方法を見定める効率が四〇〇%以上も増加すると報告されている。

　生物資源開発の不公正さと非倫理性を覆い隠すために、第三世界の貢献に対して補償をするという協定が交わされたこともある。例えば、一九九二年、イーライ・リリー社は主要な生物資源開発会社であるシャマン製薬に四〇〇万ドルを支払って、先住民治療師の知識を買い取った。イーライ・リリー社は、その知識を使って、ある種の抗カビ剤を開発し、排他的な世界的市場権を得た。シャマン製薬の非営利協力団体であるヒーリング・フォレスト保護委員会は、その収益の一部を地域の人々と政府に返済することになっている。しかし、どれほどの返済なのかは、まったく未知のままにされている。

植物物質を基礎とした薬剤の多くはかなりの割合で地域固有の知識を拠り所としていることは確かである。けれども、西洋の企業にとって、地域固有の知識体系や地域の権利というものは存在しない。そのため、製薬会社は人々の知的権利や何世紀間もかけて発展してきた慣習的権利として、第三世界の生物多様性の権利を捉えることはない。その代わり、製薬会社の出版物には地理的な偶然から得られる、新しく主張されている所有権の一形態であると述べられている。外国人によって植物や動物から抽出された薬剤に対して主張することができるのは、「地理的料金」にすぎないとされているのだ[9]。

企業家、科学者、法律家が集まって、協定を結ぶことを提唱する分析家もいる。一方、生物多様性に富んだ国の政府も人々も、生物資源開発に関して契約を結ぶことなど真面目に考えてはいないのだ[10]。

歩み寄りの努力の一例を、メルク製薬とインバイオ社との間の一九九一年の協定に見て取ることができる。この協定については比較的広く知られている。インバイオ社は、コスタリカの国立生物多様性研究所に属する。メルク製薬は、インバイオ社の社員によって国立コスタリカ熱帯雨林公園から集められた植物サンプルを保持・分析する権利金として一〇〇万ドルを支払うことに同意した。しかし、年間四〇億ドルの歳入のある多国籍企業による生物資源開発の無条件な権利の代金として小さな自然保護団体に支払われる一〇〇万ドルは、地域社会やコスタリカ政府の権利に敬意を表している金額とは思われない。

さらに、その協定は、国立公園の中やその周囲に住んでいる人々との間に取り交わされたのではない。実際の先住民たちはこの契約にはまったく関係しておらず、いかなる利益も保障されていない。先住民たちにはその国の政府との契約もない。その契約は、多国籍企業と、米国の自然保護生物学者ダン・ジャンセンのイニシアチブでつくられた自然保護団体とのものなのである。

確かに、メルク製薬とインバイオ社の協定の意図は、南部から北部への資源の無償の流出を防ぐことである。ジャンセンが述べているように、生物資源を提供している国への使用料の支払いなしで探索や搾取が行なわれる時代は終わった。ジャンセンにとって、コスタリカは五万平方キロメートルの土地を持ち、五〇万種もの生物の生息する一万二〇〇〇平方キロメートルの「温室」を持つひとつの企業である。この企業には、三〇〇万の株主がいることになる。現在のところ、株主一人あたり一五〇〇ドルに相当する国民総生産

（GNP）がある。しかし、コスタリカの人々は一万ドルから一万五〇〇〇ドルに相当する国民総生産に基づく生活水準を望んでいるのが普通である。

このような世界観のもとに、インバイオ社は多国籍企業による商業的資源開発が、問題の解決策であると考えている。しかし、これには最初から矛盾がある。資源開発権を売るインバイオ社の人々は決して生物多様性に関する権利を所有したことがないからである。そして、実際に権利が売られていく人々、契約によって権利が譲渡されていく人々には、相談さえ持ちかけられていないし、参加する機会すら与えられていない。

さらに、資源開発代金は第三世界の科学技術力を確立するために使用することもできるはずだが、実際には会社のための施設が建設されつつあるに過ぎない。先住社会・地域社会の知識をヒントにして得られた薬用植物の世界市場価値は、現在、四三〇億ドルであると見積もられている。そのうち、ある場合には、資源開発代金として、ごくわずかの割合が支払われる。そのような支払いには、資源となる国の研究能力を確立するためという建前がある。しかし、例えば、メルク製薬がコスタリカ大学に化学抽出機材を提供したときに、メルク製薬はその使用を商業関連の場合に限定した。つまり、このような研究能力の育成という建前はあるが、それは資金投資している企業の支配下におかれており、資源を提供する国が自国のために広く利用できるものではないのだ。

生物多様性の資源開発にまつわるもう一つの問題は、サンプルの収集は科学的交換の一部として成されることが多いが、参加する科学者は企業と関連のある人々であるということだ。科学的な交換行為は公共的に自由に行なわれるべきである。収集したサンプルを搾取・選抜することによって商品を開発し、それを知的所有権を通して保護・所有したいという欲望を持っているのは企業の側だけなので、生物多様性の資源開発の協定において権利に関する大きな非対称性が常に存在するのである。

先住社会が西洋の企業と共同で知識を特許化するように求められた例があった。しかし、資本は西洋の企業から来るため、その権利は資本と市場を管理する強力な商業的関心を持つ企業へとすぐに転送されることになった。

現在、このような生物資源開発の真実を知らない人々を生命体特許のゴールドラッシュへ勧誘することは、企業にとって必須の戦略になりつつある。なぜなら、生物多様性の特許化に対して「ノー」という社会運動が成長してきているからだ。社会は何もかも特許化する方向へ向かっているが、それで先住民の知識が保護されるのであろうか。先住民固有の知識を保護することは、日常のヘルスケアと農業に関して、将来の世代の人々も連続的に利用できる環境を整えることを意味する。もし、特許を軸にした経済組織が地域固有の生活習慣と経済体制を変貌させてしまうのなら、知識は生きた伝統として保護されているとは言えない。支配的な経済体制――それは自然資源の生態学的な価値を強調することができなかった――が生態学的な危機の根源であることを認識するのなら、それと同じ経済体制を拡大することは、地域固有の知識や生物多様性を保護することにはつながらないであろう。

我々には、すべての価値を市場の価格に還元したり、すべての人間活動を商業に還元したりすることのない、代替となる経済のパラダイムへ変化していくことが求められているのである。

生態学的に言うと、このような考え方は、多様性自体の中に多様性の価値を認識することができる。すべての生命体は生まれながらにして生命に本質的な権利を持っていると考えるのだ。それは、私たちが生物種の絶滅防止に努めるべき、優先的な理由である。

社会的なレベルでは、様々な文化的脈絡の中で生物多様性の価値が認識されるべきである。神聖な森、神聖な種子、神聖な生物種などの価値観を持つことは、生物多様性を冒すことのできないものであると取り扱うための文化的手段であり続けてきた。また、それは最高レベルの環境保護をもたらした。生物多様性に関する地域社会の権利や生物多様性の進化と保護に対する農民と先住民の貢献も、無視されるべきではない。その知識体系は未来のためのものであり、決して原始的なものではないことを認識する必要がある。それに加えて、神聖なものとして意味づけをすることや生計維持の活動など市場価値のないものは市場価値のあるものよりも価値が低いと扱われるべきではない。

生物多様性保護が利益ではなく、生命の保護を目的としているのなら、生物多様性の破壊へ向かう動きや生物多様性保護に関連するようになる障害は経済レベルで除去されなければならない。生物多様性の視点から経済政策について考えると――その反対に経済政策の視点から生物多様性について考えるのではなく――、同質・均一体制は高い生産性を持つと言われてはいるが、それは公共的な補助によって維持されている人工的な方法に過ぎないことは明白になるであろう。生物多様性を特徴付ける多元的なインプットと多元的なアウトプットを反映するように、生産性や効率という言葉は再定義される必要がある。

さらに、生物多様性の破壊によってつくり出された利益のほんの一部を生物多様性保護の資金援助に充てるという誤った論理は、破壊行為を公に許可していることになってしまう。保護は、生活と生産の基礎をつくるものではなく、展示会のためのものへと格下げされてしまうからだ。

生態学的な持続性と人々の暮らしの持続性は、生物多様性を誰が管理しているかという問題の解決なしでは保障されない。最近まで、特に地域社会の女性は、生物学的な多様性の使用・発展・保護に貢献してきた。そして、この地球の生物学的な富の保護者であり続けてきた。生物多様性保護の基盤を強く深いものにするためには、女性たちの管理体制・知識・権利が強化されなければならない。それは、地域的・国家的・地球規模の活動として行なわれなければならないであろう。

特許と知的所有権に関する条約をグローバル化することは、生態学的な破壊と生物多様性の消滅の原因となった経済パラダイムを拡張することである。地域固有の社会がこのパラダイムを強要されたとき、別の形の経済体制における価値を提供していたはずの文化的多様性が不可逆的に破壊されてしまう。

生物資源開発を通して地域固有の社会から知識を吸い上げることは、知的所有権に保護された産業体制を発展させる最初の段階に過ぎない。それは、地域の知識をインプットとして商品をつくり、最終的に市場に出すことを目指している。その知識体系は倫理的・現象学的・生態学的な判断基準に基づいているのではない。そのような商品の生産者は、生物多様性の断片を開発されるべき資源物質として、特許によって保護された生物学的生産物を生産するために使用するのである。特許は生物多様性と地域固有知識を搾取し、変貌させてしまう。

知的所有権の問題は、平等性・公正さ・保障という視点から、体系的に検討される必要がある。地域固有の知識が略奪されるということが第一に検討され、さらに、医学や農業分野での商品の激しい販売競争のため地域固有の知識が搾取されるという事実も検討されるべきである。代替となる生産体制を根本から変貌させることは正しいことか？　そのような破壊は、完全に補償されるのか？　地球自体と地球上に生きる多様な地域社会は、文化的・生物学的均一性しかつくり出さない中央集権的でグローバルな企業文化のための

「開発されるべき資源物質」として飲み込まれたとき、生物多様性の維持や代替となる生活習慣の維持が可能なのか？

究極的な意味では、特許とは、将来性を予想できない資本投資のための保護体制であるに過ぎない。それゆえ、特許が人々を保護することもなければ、知識体系を保護することもない。

そして、生物資源開発は、共有物の囲い込みを拒む人々の権利や地域社会の権利に敬意を表することはない。我々は、生物資源開発の代替となるべき方法に注目する必要がある。

共有できる生物多様性を回復する

民間の農業・医療・知識の体系を守ろうというエコロジー運動が成長してきている。共有できる生物多様性の保護と回復を目指すことは、生命体の多様性にとって本質的な創造性の認識を目標とする政治的・社会的運動における最重要事項である。この運動は生物多様性の所有と利用に関する共有財産条約を提案している。さらに、それは共有の知性——

生物多様性の知識の商品化を禁止すること――に向かって運動を展開する。

共有できる生物多様性を回復することを目指して積極的に展開された最初の大衆デモは、一九九三年八月一五日の独立記念日にインドで起こった。そのとき、農民たちは、自分たちの知識は「サムヒク・グヤン・サナド（共同の知的権利）」によって保護されていると宣言した。農民たちによれば、地域社会の許可なく地域の知識や資源を使用している会社は、すべて知的略奪行為に従事していることになる。それは、ニームの特許の場合に典型的に見られることである。

一九九三年、この概念は第三世界の国際グループである「第三世界ネットワーク」から構成される学際的なチームによってさらに発展された。「共同知的所有権」を積極的に確約することによって、植物の遺伝子資源の保護と改良において農家が果たしてきた役割を中心に据えた「スイ・ゲネリス権利制度」《訳注：ＴＲＩＰなどの国際条約で強要されたものではなく、地域の文化に適した権利を尊重する制度》を定義する機会が生まれた。その有効性は、様々な国の特定の状況に合わせて再解釈される必要がある。それが成されてはじめて、多様な知的所有権体制が生まれる一つの可能性となるであろう。それにともなって生まれた法的な多様性が、第三世界中の農民社会の生物学的・文化的多様性を保護するであろう。共同知的所有権に基づいた条約をはじめとした知的所有権の多様化・複数化は、様々な状況に応じた知識の創生と広がりとして様々な立場を反映するであろう。「スイ・ゲネリス制度」は植物育種家としての農家の権利のための積極的な保護体制とともに、地域固有の医学体系においても、共有の権利を発展させるであろう。

それに加えて、第三世界の人々の関心と知識を反映する共同知的所有権制度と、西洋の偏見とともにつくられた知的所有権制度との関係も検討される必要がある。西洋の知的所有権は、田園社会への共感を持たない、個別的な法規制であることを忘れてはならない。スイ・ゲネリス制度は、第三世界の生物学的な資源と知識に対する体系的な搾取行為を効果的に防御する必要がある。同時に、第三世界の農業地域社会の中で知識と資源の自由な交換を維持していかなくてはならない。

共同知的所有権を保護するスイ・ゲネリス制度は、「生物民主主義」——生物に関するすべての知識・生産体系は、平等な妥当性があるという信条——に基づくことが必須である。それに対して、TRIPは、「生物帝国主義」——西洋の企業の知識と生産のみが保護される必要があるという信条――に基づいている。この信条が変えられなければ、ＴＲＩＰは、第三世界の人々の知識・資源・権利を切り下げるための道具となるであろう。特に、生物多様性の存続に生計を依存している人々や生物多様性の使用法の元来の所有者・発明者である人々が影響を受けることになるであろう。

生物略奪の合法化

ＧＡＴＴのＴＲＩＰは、広く民間を代表する人々と商業企業の間、あるいは、産業化社会と第三世界の間の民主主義的な交渉の結果として生まれたものではない。西洋の多国籍企業による、多様な社会と文化に対する不当な要求なのである。

ＴＲＩＰの枠組みは、三つの組織によって草稿され、形成された。三つの組織とは、知的所有権委員会（ＩＰＣ）、経団連、そして、産業雇用者連合組合（ＵＮＩＣＥ）である。ＩＰＣは、一二の米国の企業連合である。ブリストル・マイヤーズ、デュポン、ジェネラル・エレクトリック、ジェネラル・モーターズ、ヒューレット・パッカード、ＩＢＭ、ジヨンソン&ジョンソン、メルク、モンサント、ファイザー、ロックウェル、そしてワーナーである。経団連は、日本の経済組織の連盟であり、UNICEはヨーロッパの商工業のための正式な代弁者として認識されている立場にある。

多国籍企業は、TRIPにおいて独占的な権力を持つ。例えば、ファイザーとブリストル・マイヤーズとメルクは、報酬料の支払いなしで収集された第三世界の生物物質に対する特許をすでに獲得している。これらの企業は合同で、知的所有権保護に関する条約をGATTの一部として取り入れるように緊密に働きかけた。

モンサント社のジェームズ・エンヤートは、知的所有権委員会の戦略について以下のようにコメントしている。

このような条約を記した貿易団体や協会は当時まったく存在しなかったため、我々はそれをつくることから始めなければならなかった。ひとたび出来てしまえば、知的所有権委員会の最初の仕事は、初期に米国で我々が行なったことと同じ使命を繰り返すことであった。今回は、ヨーロッパと日本の産業界の協会とともに、その規定の実行は可能であることを諸外国に説得することが目的であった。……全体の過程を通して、我々は利害関係を持つ多くの団体と相談した。それは簡単な仕事ではなかったが、「三者グループ会議」によって、より進歩した国の法律から知的所有物のすべての形を保護するための基本的原理を蒸留することができた。……自国でこの概念を広めるのみならず、我々はジュネーヴへ行き、ＧＡＴＴの秘書官のスタッフへと文書を提示した。さらに、ジュネーヴに滞在する大変多くの国の代表者たちへ草稿を提示する機会を得た。……ここで私が述べたことは、ＧＡＴＴではまったく前例がない。つまり、産業界は、国際貿易における重要な問題を特定することに成功したのだ。そして、解決策を編み出し、それを具体的な提案へと還元し、自国の政府だけでなく、他国の政府へと提案した。……世界的商品を取り扱う産業・貿易関係者は、患者、診断医、処方医の役割をすべて同時に果たしたことになる。[11]

多国籍企業は商業的な興味を最優先させるため、倫理的・生態学的・社会的問題を引き起こす可能性のあることについてはＴＲＩＰの内容から除外した。多様な社会の持つそれそれの役割は侵害されたのである。一九九三年に終結したウルグアイ・ラウンド以前には、知的所有権は、ＧＡＴＴの対象とされてはいなかった。それぞれの国が、その倫理的・社会経済的な条件に合った、それぞれの国の法律を持っていたのである。

知的所有権の法律を国際化しようという主な推進力は多国籍企業によるものである。知的所有権は法定上の権利に過ぎないが、多国籍企業がそれを民間レベルにまで波及させたのである。それ以来、多国籍企業は、知的所有権の所有者の「権利」として定義されるものを保護するためにＧＡＴＴを利用している。知的所有権委員会と経団連と産業雇用者連合組合の共同で書かれた「知的所有物に関するＧＡＴＴの規定のための枠組み」として一九八八年の産業関連の論文に述べられているように、

知的所有保護の法規制は国によって異なるため、知的所有権の所有者は自己の権利を取得・防衛するために理にかなわぬ時間と労力を使っている。また、知的所有権の施行は、市場への参入を限定する規則や本国への利益送還内容を限定する規則によって妨げられている。[12]

「特許（改正）法」の内容の不合理な点は、すべて、この一九八八年の産業に関する論文に見い出すことができる。それには、生産物特許の期間・対象物・範囲を拡大することと同時に、特許や義務的な許可を得るために必須とされている仕事を軽減することが盛り込まれている。

一九七〇年の「インド特許条例」では、製薬および農業化学物質への生産物特許は許可されていない。それにもかかわらず、ＧＡＴＴのＴＲＩＰを施行するために、「特許（改正）法」はインド政府によって一九九五年に実施された。それは最終的には拒否されたが、「特許（改正）法」は、一時的にせよ、生産物特許の適応と排他的な市場権利の付与を許可した。生産物特許を推進する圧力については、「基礎的枠組み」の論文に明確に表現されている。

機械・電気に関するサービスに保護を与えていても、新しい製品の保護を否定する国もある。例えば、化学物質、製薬物質、農業化学物質の場合、ある国は、その生産物をつくる特定の過程のみに特許を認可する。別の国は、ある特定の過程によってつくられたときだけ保護する〔生産過程による生産物の保護〕。しかしながら、化学物質は、ほとんど常に様々な方法でつくることができる。そして、そのすべての方法の特許化が可能なことは滅多にない。それゆえ、新しい価値のある化学物質という形で発明がなされた場合、生産過程に与えられる特許は、別の方法でその化学物質を生産する模倣者への招待状の役割を果たしてしまうにすぎない。別の過程で同じ物質をつくることは、能力のある化学者にとっては比較的簡単な仕事であるのが普通である。[13]

同様に、「インド特許条例」には、民衆の食品・薬品への基本的権利が営利のために無視されないことを確約するため、強力な義務的事前許可箇条がある。しかしながら、多国籍企業は、この民衆の利益の保護を「差別」であると考える。多国籍企業は以下のような立場を主張している。

独占的な権利が与えられることは、効果的な特許制度に必須の基本事項である。しかしながら、ある国では、第三者へ事前許可を義務付け、特許を特定の分野のみに限定している。特に、食品、薬品、そして時として農業化学物質は、このような差別の対象である。このことは、その所有者の権利の不適切な侵害という結果を招く[14]。

多国籍企業の立場では、排他的な市場権利と市場独占が基本的な要求となっているが、その結果として市民の基本的人権が犠牲になることは、まったく意味のないこととして無視されている。必要な庶務や義務的事前許可などは、市民の利益を中心に考慮されたことである。多国籍企業は、そのようなことはすべて知的所有権制度の誤用であると定義するのだ。多国籍企業にとって商業的現実化が唯一の考慮対象なのである。倫理的な限定や社会的・経済的義務は、商業的拡大の障壁に過ぎない。

多国籍企業の一面的な影響のもとに、生命体も特許可能な対象物となった。知的所有権委員会に参加している会社のほとんどは、化学物質、製薬物質、農業化学物質、新しいバイオテクノロジーに関心を持っているため、生物体を特許保護の対象として含めることを要求するのである。「基本的枠組み」の中で次のように述べられている。

生産物をつくるために微生物を使うバイオテクノロジー分野は、保健、農業、廃棄物処理、産業一般において展開されている急速な進歩に特許の保護が追いついていない関連分野の代表である。バイオテクノロジーの生産物には、遺伝子の構成要素、ハイブリドーマ、モノクローナル抗体、酵素、化学物質、微生物、植物などが含まれる。バイオテクノロジーが広く注目を集めているにもかかわらず、関連する研究開発への投資を正当化するために必要である効果的な特許保護制度の確立を多くの国が見送っている。そのような保護は、微生物、微生物の一部（プラスミドや他のベクター）、植物などを含むバイオテクノロジーの過程と生産物の両方ともに適応されるべきである。[15]

生命特許の問題は、単なる貿易関連の問題ではない。それは、生物略奪という社会的不正に緊密に関係している。基本的に倫理的・生態学的な問題なのである。もし、ＴＲＩＰが広く施行されれば、それは環境の保全と生物多様性の保護に関して莫大な影響を与えることは間違いないであろう。

Chapter Five

Tripping Over Life

生命特許の波紋

Chapter Five

多様性の存在は、持続可能な社会の重要な特徴である。それは、相互扶助——すべての生物の「幸福の権利」と「苦悩から自由になる権利」の認識を基にした「返還の法則」《訳注：資源の利用によって獲得されたものの一部を、利用した資源環境の生育のために返還することで持続可能な社会をつくり上げていくという社会原理》——の基礎である。しかし、自由と多様性に基づいた「返還の法則」は、資本投資における「回収の論理」《訳注：資本主義社会で生き残るためには、投資以上の利益を回収しなければならないという社会原理》に置き換えられようとしている。その背景には、世界中の生物多様性を消費することで資本の蓄積に貢献している遺伝子工学がある。また、遺伝子工学は単一品種栽培の促進と独占の拡大を通して、生態学的な危機をさらに悪化させる脅威となっている。

ＧＡＴＴのＴＲＩＰは、生命体の独占的管理を認可することで生物多様性保護と生態環境へ深刻な影響を与えることは必至である。ＴＲＩＰの27．5．3（ｂ）条項は以下のように述べられている。

関係者は、特許可能な対象から微生物以外の動植物を除外するばかりでなく、基本的に非生物学的過程と微生物学的な過程以外の生物学的な動植物生産過程を除外するかもしれない。しかしながら、特許制度か効果的なスイ・ゲネリス制度かそれらの組み合わせによって、関係者は植物品種の保護政策を提示することが望まれる。この規定の遵守については、世界貿易機関（WTO）の協定に合意したあと四年間、再調査されることになる。

TRIPの最も大きな生態学的な影響は、生物種間の相互作用による生態系の変化である。それは、特許化された遺伝子操作生物の商業的放出の結果として起こると考えられる。TRIPは、生物多様性の権利にも影響するため、ひいては、生物多様性保護の社会文化的意味を変えることになる。TRIPの影響として以下のものが挙げられるであろう。

(1) 単一品種栽培の波及。知的所有権を持つ企業が市場シェアを拡大することによって投資への返還を拡大しようという試みによってもたらされる。

(2) 化学汚染の増加。バイオテクノロジーの特許によって除草剤と農薬に抵抗性を持つ遺伝子操作された農作物の生産が促進されることによってもたらされる。

(3) 生物学的汚染という新しい危険性。特許化された遺伝子操作生物が環境に放出されることによってもたらされる。

(4) 保護の倫理の損傷。生物の本質的な価値が知的所有権にともなう道具としての価値に置き換えられることによってもたらされる。

(5) 地域社会の生物多様性への伝統的な権利の損傷と、それによる生物多様性保護能力の減少。

単一品種栽培の波及

生物多様性を保護するためには、多様な生物をその土地で利用する多様な農業体系と医学体系を持つ多様な地域社会の存在が必要となる。経済的な非中央集権化と多様化は生物多様性保護の必要条件である。グローバル化された経済体制は多国籍企業によって操られている。その中で、ＴＲＩＰがさらに深く経済体制の一部として取り入れられると、均一性の拡大と多様性の破壊の拡大を促進する条件がつくり出されるのである。多様な農作物品種は、様々な環境条件と文化的必要性の結果として生まれてきた。これらの品種は遺伝的に多様であるため、あらゆる害虫、病気、環境ストレスなどに対して収穫が保障されている。さらに、混合作付けなどの伝統的な農業方法によって収穫の保障が強化される。

動植物を対象とした知的所有権を持つ企業は、投資の回収を最大化することを目指している。そのことは、市場シェアを最大化する圧力を生む。それゆえ、単一の農作物品種や家畜が世界中に広がることになり、その結果、何百もの地域の農作物品種や家畜の系統が打撃を受けることになる。単一品種栽培とそれにともなう多様性の破壊は、知的所有権によって保護されたグローバル市場化がもたらす必然の結果なのである。

単一品種栽培は、病気や害虫を招き、生態学的に不安定である。例えば、一九七〇年から一九七一年にかけて、米国においてトウモロコシの焼き枯れ病が流行し、国の穀物の一五%が廃棄される結果となった。それは農作物の遺伝的な単一性に原因がある。一九七〇年の米国で栽培されていたハイブリッド・トウモロコシの八〇%は「T型細胞質」を持つ一つの不稔性《訳注：次世代の植物体をつくる種子を形成することができない性質》の雄株系統から派生したものである。T型細胞質の性質を持つトウモロコシは、焼き枯れ病菌 *Helminthosporum maydis* に抵抗力がない。植物は枯れてしまい、茎は折れ、穂軸は灰色の粉をふいて変形し、完全に腐敗するものもあった。トウモロコシ畑は荒廃したのである。植物育種家や種子会社は迅速に実る高収穫量の種子を得る目的だけのためにハイブリッド・トウモロコシを開発したが、それがそもそもの原因である。焼き枯れ病の後に、アイオワ大学の病理学者は次のように書いている。「広範囲に均一な作付けを行なうことは、まるで、火花がつくとすぐに広く燃え広がるやわらかい大草原のようなものである」[1]。

一九七二年に国立科学アカデミーが発表した主要農作物の遺伝的虚弱さに関する研究によると、

トウモロコシが流行感染病の犠牲となることは避けられない。なぜなら、米国のトウモロコシの品種は、ある意味では一卵性双生児のような状態にまで類似するようにデザインされているためである。一つが倒れれば、すべて倒れるというわけである。[2]

農業における高収穫量品種の単一栽培の広域化および林業における生長の早い生物種の単一植樹の広域化は、「生産性の増加」という理由で正当化されている。生物多様性の技術的な変質——そして、知的所有権と特許独占の認可——は、「改善」と「経済価値の増加」という言葉で正当化されている。しかし、これらの言葉には、中立性はない。経済的な効率化が成功するには条件があり、しかも、その判断には偏見が詰め込まれている。

材木となる品種の「改善」は、製紙会社にとってはパルプ材を確保することを意味する。しかし、同時に、それは農民にとってはまったく別のことを意味する。農民には、家畜の飼料や堆肥が必要だが、その点は「改善」されない。同様に、農作物の品種の「改善」は、加工産業にとっては有利なことを意味するだろうが、自給自足の農家にとっては、それとはまったく違う不利なことを意味するであろう。それにもかかわらず、カーギル社——最大の穀物貿易会社で、第四番目に大きな種子会社——は、農家の利益のためという建前で、実はその投資を保護するために、「知的所有権を得ることが社会的に必要である」と主張している。

インドのカルナタカの農家は、カーギル社の主張とは正反対のことを経験することになった。一九九二年、カーギル社がインドの種子市場に参入して最初に販売したヒマワリ種子は完全な失敗であった。一エーカー《訳注：約四〇四七平方メートル》当たり一五〇〇キログラムの収穫を約束していたにもかかわらず、一エーカー当たり五〇〇キログラムしか得られなかったのである。

同様に、カーギル社のハイブリッド・サトウモロコシの作付けは、資材購入費用がかなり高額であったため、農家の収入の減少につながった。「科学・技術・自然資源政策のための研究基金」によるインドのカルナタカ地方における調査によると、一九九三年、カーギル社のハイブリッド・サトウモロコシの生産のための支出は一エーカー当たり三三三〇ルピーで、収入は一エーカー当たり三六〇〇ルピーであった。これに対して、その調査によれば、地域固有の種子の場合の生産支出は一エーカー当たり三〇〇ルピーであり、収入は一エーカー当たり三二〇〇ルピーであった。ハイブリッド種子では一エーカー当たりたったの三七〇ルピーだけしか収入が得られず、地域の種子の場合には一エーカー当たり二九〇〇ルピーもの収入が得られたのである。

化学汚染の過激化

ＴＲＩＰのもとに保障された特許保護のため、バイオテクノロジーによる農業への介入は促進され、遺伝的に操作された生物の野外放出は加速化されるであろう。遺伝子工学のセールス・アピールは、化学物質を使用しない「緑色のイメージ」であるが、バイオテクノロジーの農業への応用は、ほとんどの場合、農業化学物質の使用の増加に目標を定めている。その影響は、第三世界でより大きなものになると予想されている。その理由は、地域社会の生物多様性が豊かだからというよりも、多様性に頼って生計を維持している人々が多いからである。

農業バイオテクノロジー分野の研究や発明は、ほとんどがチバ・ガイギー、ＩＣＩ、モンサント、ホックスなどの多国籍化学企業によって行なわれている。それらの企業の短期戦略は、農薬や除草剤に耐性を持つ農作物の品種を開発することによって農薬や除草剤の使用を増加させようというものである。事実上すべての主要農作物において、除草剤耐性を持つ品種の開発が二七社で進行中である。種子や化学物質を取り扱う多国籍企業にとって、この戦略は商業的に意味のあることである。なぜなら、化学物質と組み合わせるように植物を改変するほうが、植物に合うように化学物質を改変するよりも格安だからである。新しい農作物品種の開発研究費が二〇〇万ドルを超えることはほとんどないが、新しい除草剤の開発研究には、四〇〇〇万ドルを超える経費が必要なのである。

除草剤耐性品種や農薬耐性品種の開発を進めることは、種子と化学物質の統合化を推し進めるであろう。それにともなって、多国籍企業による農業管理体制も強化されることになる。

主要な農業化学物質企業の多くは、自分自身の会社のブランドの除草剤に対して耐性を持つ植物を開発している。大豆はチバ・ガイギー社のアトラジン除草剤に耐性を持たされたため、その除草剤の年間売上高は一億二〇万ドルも増加した。デュポン社のギストとグリーン、モンサント社のラウンドアップなどは農作物に直接散布することができないほどほとんどの草本性植物に致死的な影響を与えるが、そのような除草剤に耐性を持つ農作物品種を開発する研究も進行中である。

ブランド名を持つ除草剤に耐性を持つ農作物植物の開発と販売が成功すれば、農業産業市場経済のさらなる一極集中化を招くだろう。そして、多国籍企業の権力はさらに強くなる。デンマークの環境大臣は、除草剤耐性の農業作物の環境リスク評価について、以下のように述べた。

現在の状況では、他の農作物の耕作地で雑草として存在する、野生生物種に近縁の農作物について懸念されている。以下に述べるように、ナタネとその近縁種の間で遺伝子の交換があるかもしれない。耐性が拡散し、特に様々な耐性が組み合わせとして獲得されることは、最小限の除草剤でナタネを除去することを今以上に困難にする。つまり、ナタネ自体も、雑草として出現するだろう。他の農作物の耕作地では、管理することが困難となる。全体として除草剤使用のパターンがおそらく変わってくるだろう。この特定の例では、除草剤への耐性が導入された。除草剤バスタは、現実的に重要な雑草種すべてに対して効果的であるという特徴がある。それゆえに、雑草へ耐性遺伝子が移行すれば、この化学物質への耐性は徐々に拡大していき、除草剤を今以上に広く使用しなければならない結果となることが予想されるのである。

新しい形の生物学的汚染

除草剤耐性品種を遺伝子操作によってつくり出す戦略は、利用できる植物の種類を破壊し、「スーパー雑草」をつくり出すという結果に陥ってしまう可能性がある。雑草と農作物の間には緊密な関係があるのだ。特に熱帯ではそうである。熱帯では、雑草的な変種と農作物の品種は、何百年間も相互に遺伝的に影響を与え合ってきており、自由に交雑して新しい変種ができるのである。除草剤耐性、害虫耐性、そして、ストレス耐性の遺伝子が遺伝子工学によって農作物となる植物に導入された場合、自然な交雑の結果として近隣の雑草に転移されることが考えられる[3]。その結果、あらゆる様々な環境破壊の危険性をともなう化学物質の使用を増加させるのである。

野生の近縁雑草へ遺伝子が移行する危険性は、第三世界のほうが大きい。なぜなら、第三世界の地域は、世界中の生物多様性の発祥地であるからだ。米国科学アカデミーの指針

「遺伝子組み換え生物の野外試験の実施」によれば、

穏やかな気候の北アメリカ、特に米国には農作物の発祥地域はほとんどない。なぜなら、米国の農業は、ほとんど外国を起源とする農作物を基礎としているからだ。北アメリカ起源の農作物が存在しないという状況は、米国内において、農作物とその野生の近縁種との間の交雑の機会は比較的低いことを意味する。遺伝子組み換え農作物とその野生の近縁種が交雑する機会は、小アジア、東南アジア、インド亜大陸、南アメリカに比べて、低いことが期待される。それらの地域では、遺伝子組み換え農作物を導入するときは、より多くの注意を払う必要がある。(4)

遺伝子組み換え生物は、新しい危険性を持った生物学的汚染もつくり出す可能性がある。ピーター・ウィルズ博士が述べているように、「重要なことだが予想されなかった結果が起こるかもしれない。植物系統発生におけるＤＮＡの縦方向の流れを生物種間の横方向の移動に変えてもよいものだろうか」。

実際、最近の実験では、遺伝子操作された性質が近縁種へ大規模な形で移行することが現実に起こりうることが確証された。

生物学的汚染は、遺伝子操作されていない生物が生態系に導入された場合でも起こりうる。例えば、一九七〇年、ブルー・ティラピア《訳注：熱帯魚の一種》が、フロリダのエフィー湖に導入された。当初、ティラピアはその湖の魚の総重量（バイオマス）の一％以下を占めるに過ぎなかった。しかし、一九七四年までには、ブルー・ティラピアは、他の生物種を威圧してしまい、総バイオマスの九〇％を占めるようになった。

別の例では、一九五〇年代末に漁獲高を増加させる目的でイギリス人によってナイル・パーチ《訳注：スズキ類の食用淡水魚》が東アフリカのヴィクトリア湖に導入された。ヴィクトリア湖の土着魚類は小型で、多様性に富んでいた。四〇〇種ほどの多様なハプロクロミネスなどが生息していた。それらは、それぞれ一ポンドほど《訳注：約〇・五キログラム》しかないが、その湖の八〇％のバイオマスを構成していた。一方、ナイル・パーチは、長さ六フィート重さ一五〇ポンド《訳注：約一八〇センチメートル、七〇キログラム》にも成長する肉食魚である。

確かに、その後二〇年、何も起こらなかった。しかし、一九八〇年代初期に、ナイル・パーチがヴィクトリア湖を占領した。一九八〇年以前にはナイル・パーチは漁獲高の約一％を構成するに過ぎなかったが、一九八五年までには六〇％にも増加した。そして、湖の魚のバイオマスは、八〇％のハプロクロミネスから八〇％のナイル・パーチへと変質してしまった。ハプロクロミネスは、現在では、魚のバイオマスの一％以下に過ぎない。ヴィクトリア湖に元来生息していた四〇〇種ほどのハプロクロミネスのうち、半数の絶滅は必至であると科学者は見積もっている。

そして、最近、ナイル・パーチの漁獲高も減少してきている。捕獲されるナイル・パーチの外観は以前と同じようにみえるが、その幼魚が多くの個体の胃の中から検出される。自分の子孫を食べる行動は、生態学的な不安定さと食物連鎖の破壊の兆候である。

最後にもう一つ例を挙げたい。カナダのマニトバ州にあるフラットヘッド湖において、カコニー・サーモンの生産高を上げるためにオポッサム・エビが導入された。それは、目的とは反対の効果となった。つまり、実際にはサーモンの減少を起こした。オポッサム・エビは、サーモンにとって重要な食物源である動物プランクトンの貪欲な捕食者であることがわかったのだ。オポッサム・エビの導入後、以前のレベルの一〇%にまで、動物プランクトンの数が減少した。産卵するサーモンの数は、一九八六年には一一万八〇〇〇匹から二万六〇〇〇匹に減少し、一九八七年には三三〇匹となり、一九八九年には五〇匹となった。捕獲高は、一九八五年の一〇万匹以上から、一九八七年の六〇〇匹と減少し、一九八八年と一九八九年にはゼロとなった。

遺伝的に操作された生物が自然界で自己持続性のある集団を確立する場合、他の生物への影響を事前に評価する必要があるであろう。そのためには、還元主義の分子生物学の考え方は不適切である。分子生物学は生物の遺伝的構成を分類することはできるが、生態学的な影響を評価することはできない。生態学的な影響は、遺伝子の間の相互作用の性質や大きさ、遺伝子発現、環境などによって総合的に決まるからだ。ホストの生物と他の生物との自然な相互作用について、生態系における役割、遺伝子組み換え生物の違いに関連することなど、生態学的な問題点が指摘されなければならない。環境に放出された遺伝子組み換え魚は、病気、寄生、捕食など、その個体数を規制する要因に抵抗するかもしれない。組み換え遺伝子を近縁の生物に移行させてしまい、捕食者・被食者の関係を変える可能性

もある。(5)

もちろん、短期間には遺伝子操作された生物がほとんど環境への影響を示さない場合もある。しかし、それだけの理由で、バイオセーフティーの問題はないとして自己満足するのは不当である。確かに、遺伝子組み換え生物の多くは、環境を脅かすことはないかもしれない。しかし、特に長期間の影響を考慮すると、深刻な脅威となる生物学的汚染を起こす遺伝子組み換え生物も登場するはずである。

保護の倫理をむしばむ

生物体へ知的所有権を行使することは、他の生物を道具と見なす究極的な行為である。それとは反対に、保護倫理の立場からは、他の生物はそれ自体で本質的な価値を持っていると見なされる。他の生物の本質的な価値を認識することは、生物を「生気のない、価値のない、構造のない物体にすぎない」として取り扱うことのないように、人間に重大な義務と責任を提示するのである。生物の本質的な価値が知的所有権の主張に組み込まれた道具的価値によって置き換えられるとき、生物多様性保護の倫理的基礎と他の生物への共感がむしばまれてしまう。

仏教、ジャイナ教、ヒンズー教などの古代宗教、そして、生きた子牛の輸出反対運動、イギリスでのハンティング反対運動などの新しい運動の基盤となっているのが、このような他の生物への共感なのである。古代宗教も新しい運動も、生物自体に本質的な価値があるという人々の信条を強化する働きがある。

ＴＲＩＰの第二条項は、倫理的・生態学的理由から生命特許を拒否することを実際に認めている。しかし、倫理的問題を危惧しているほとんどの人々は、自分たちの基本的な倫理観に貿易条約が意味を持つことなど、まったく知らない。それゆえ、ＴＲＩＰの施行が行なわれる前に、生命体に関する倫理的意味合いについて広く宣伝し、多様な立場からの意見を聞くことが義務とされるべきである。

バイオテクノロジー産業のスポークスマンであり、遺伝子組み換え羊「トレーシー」の製作者であるロン・ジェームズは、生命特許には倫理的問題はないと言い張っている。なぜなら、特許は何かをする権利を与えるものではないからだという。特許は倫理的に中立だというのだ。特許は単に他人が発明を借用することを禁止するだけであるという。しかしながら、このような倫理的回避の態度は、知的所有権は「知的所有物への主張」であり、特許はそれらの主張に基づいて特許所有者が生産物を製造する際に「他人を排除する権利」を特許所有者に与えるものという事実を明確にしていない。つまり、特許の本質は、何か新しいものを製造することを根拠とした「所有者であること」の主張なのである。

確かに、生命を所有するという考え自体は新しいものではない。人々はペットを所有し、農家は家畜を所有している。しかし、知的所有権は、所有に関して新しい概念をつくり出す。知的所有物の対象として主張されるのは、組み換えられた遺伝子だけ、あるいは動物一世代だけではない。生命特許が適応されるのは将来の世代も含む生物全体の生殖過程なのである。

地域権の侵害

生物多様性の保護は、地域社会が自らの努力の成果を楽しむ権利を行使できるかにかかっている。これらの権利が侵害されると、生物多様性の急速な崩壊が引き起こされる。そして、地域社会の生態学的な生存と経済的な裕福さが脅かされる。生物多様性と生命に対する知的所有権は、単なる新しい権利の創生ではないのだ。それは、伝統的な権利を書き直すことに等しい。地域社会は、生物多様性の補充と使用という利害関係を持ちつつ、生物多様性の保護者としての役割を果たしてきた。種子、植物を起源とする物質、地域固有の知識体系に対して行使される知的所有権は、地域社会の権利を侵害し、生物多様性の保護における地域社会の役割を破壊するのである。

例えば、植民地時代のインドで、イギリス人によって村の森林が囲い込みされたとき、地域の人々は森林の資源を利用する伝統的な権利を否定された。植民地の森林政策は、大規模な森林破壊につながった。それにもかかわらず、地域住民が森林の荒廃の原因をつくったとしてしばしば非難された。G・B・パントは以下のように述べている。

山地の住人による森林の裸地化にまつわる話は、不快なまでに大変多く繰り返され、真実の話であると考えられるようになった。……森林政策の正当化の手段として、イギリス植民地化以前の時代には、人々は土壌や森林に関する権利は何も持っていなかったと主張される。

植民地の森林政策は、二語に要約される。その二語とは、囲い込みと搾取である。イギリス政府は自分の領地と目的を拡張し、同時に、地域住民の権利の軌道を狭めていった。……サン・アシ境界〔一八八〇年の境界画定以前のもの〕については、まだすべての村人の心に鮮明に残されている。村人は敬意を持って境界を大事にしてきた。村人は、村の境界内にある未登録の〔定住記録のもとに測量されていない〕土地に対するイギリス政府の主張に納得することができなかった。村人はその境界内のイギリス軍の前進をすべて囲い込みと侵略であると判断した。サン・アシ境界での出来事を、単に名目だけのものと見なすのではなくて、それに実際の意味を与える必要がある。そして、地域住民の疑惑を取り除くために、境界内の囲い込まれた領域を村人の所有物であると宣言しようではないか。そして、分割不可の条件に従い、民衆の関心に応えるように、これらの領域に含まれるすべての未登録の土地を村の社会に回復させようではないか。一九〇六年頃に、サン・アシ境界内の領域を地域住民に返すように求める、大変多くの政府への請願書が村人たちによって送られたことは、誰もが知っていることである。村人たちは知的に洗練されていないため、同じ要求を今日でも自動的に繰り返している。これは人々の最低限の要求である。そして、他には論理的・最終的な解決方法はないように思われる。しかし、単純な事実を忘れてはいけない。それは、この地球では人間が他の何よりも価値のあるものであり、森林は人間よりも価値のあるものとは期待されていないことである。そして、森林の保護は囲い込み反対の理由としては成り立たない。たとえ大変に厳重・厳格な法律で森林を保護しようとしても、満場一致で植民地化の要望があれば、人々の要望を無視して森林を保護することはできない。……人々の集合的な知性を侮辱であると取り扱うことはできない。そして、たとえそれが一貫性のないものであっても、その誤りを認識する機会を与えられることによってのみ、人々は他人を理解できるようになるのである。村の領域が万が一にも村人に返還されることがあっても、イギリス政府の人々の多くが植民地化を望んでいる限り、村人との関係はむしろ現在よりも悪化し、紛争へと発展するだろう。そして、村人たちは森林を保護しようとするあま

り、命を落とす人々や傷を負う人々が出るかもしれない。(6)

このような地域の権利の侵害は、一九三〇年代の「森林サチアグラハ」の契機となった。それは、その地域一帯だけでなく、ヒマラヤ、中央インド、西ガーツ《訳注：インド中央部のデカン高原の西側にある山岳地帯》などにおいても勃発した。M・K・ガンジーは、サチアグラハ（「真実への奮闘」）を不正な法律と制度への平和的非協力運動として発展させた。西ガーツ地方の「ジャングル・サチアグラハ」について、G・S・ハラッパは以下のように報告している。

政府は、サチアグラハ運動者を逮捕し始めた。外部から来た人々や、重要な地域のリーダーたちが逮捕された。リーダーの逮捕は、女性たちを目覚めさせた。……「ジャングル・サチアグラハ」は、権力で修めることはできない。なぜなら、全員が逮捕されれば、何千人もの村全体の人々が移住しなければならないからだ。人々は逮捕されることを競い合うようになるだけだ。(7)

種子が特許や植物育種家の権利の対象とされ、市場の力と知的所有権によって種子の供給先が農家から企業に変化させられるとき、育種家・発明者としての農家の権利は侵害される。農場の現場での保護活動は不能になり、急速な遺伝的資源の損失を招く。

一九九二年、ガンジーの誕生日にあたって、インドで「種子サチアグラハ」が結成された。TRIPによる種子と農業的生物多様性への農家の権利の侵害に抵抗するためである。「国立保護戦略会議」によると、エチオピアでも、地域の権利の侵害が、生物多様性の損失の第一の理由であることがわかっている。

おそらく、環境への悪い影響という意味で最も大きな政治的干渉行為は、地域の権利に関する不当な要求であっただろう。この干渉行為は個人や地域社会がそれら自身の資源を使う権利を累積的に侵害した。……住民たちが植えた木々についてもまったく管理できなくなってしまったため、農家や地域社会はまったく植樹しなくなった。あるいは、植えるように強制されても持続しようとはしなくなった。もはや森林のことを気にしないのである。このようにして、大きな身体的労力をともなって植えられた地域社会の森林の多くが、ほとんど得るものがない状態にまで崩壊してしまった。[8]

農業における生物多様性は、種子に対して農家が完全な管理権を持つときにのみ保護されるのだ。種子への独占権は「育種家の権利」という形であれ「特許」という形であれ、今後も現地における植物の遺伝的資源の保護に対して同じ影響を与えることは間違いない。なぜなら、地域社会の権利の侵害は、エチオピア、インド、そして、他の生物多様性に富んだ地域において、森林や草原の損失という形ですでに今までに大きな影響を与えてきたのだから。

Chapter Six
Making Peace with Diversity

多様性によって平和を築く

Chapter Six

「民族性の浄化」が強制的に進められる現在、単一文化が社会と自然の隅々まで広がりつつある。そのような中で多様性によって平和を築くことは、人類の生存に不可欠なことになろうとしている。そのような情況が急速に展開しているのだ。

単一文化を推進することは、グローバル化を達成するために必須の構成要素である。それは、同質化と多様性の破壊の上に成り立っている。原材料となる物質の生産と商品の市場を世界的にコントロールするには、単一文化を推進することが必要なのである。

このような「多様性を敵とする戦争」は、最近始まったわけではない。多様性は、弊害であると考えられるときには常に攻撃を受けてきた。暴力と戦争は、多様性を脅威、倒錯、あるいは混乱の源泉であると考えることに端を発している。グローバル化によって、多様性は病気や欠陥状態であると認識されるように変化させられてしまう。それほどまで多様性を敵対視する理由は、多様性に富むものを中央部から制御することが不可能だからである。

同質化と単一文化を推し進めることは、多くのレベルで暴力を招く。それは、威圧、統制、中央集権化の導入など、常に政治的な暴力と関連がある。多様性豊かなこの世界を同質な構造へと変化させるには、中央からの統制と威圧政治の力が必要である。そして、単一文化を維持するにも権力が必要である。自己組織化された非中央集権型の地域社会と生態系が、多様性を生むのである。グローバル化は、威圧的に制御される単一文化を生むに過ぎない。

単一文化は、常に生態的な暴力とも関連している。それは、単一種栽培を基礎としているため、自然界の多様な生物種を敵とする戦争宣言である。この暴力は、生物種を絶滅へと追いやるだけでなく、単一文化自体を統制し、維持するために施行される。単一文化は、自己持続性がないため、生態系の破局に対して無防備である。

単一化された系では、一箇所へ乱れが起こると、それが他の部分への乱れとして拡大される傾向を持つ。つまり、生態的に不安定なことが起こると、それは閉じ込められるのではなく、拡大されるのだ。系が持続できるかどうかは、生態学的に多様性を持っているかどうかにかかっている。そして、多様性を持つ系には、どの部分に起きた生態的な乱れでも治癒する自己統制力と多数の相互作用があるのである。

単一文化の弱さは、農業において顕著に示されている。緑の革命がその良い例である。

緑の革命では、国際米研究所が開発した単一品種によって、地域固有の米の品種が失われてしまった。しかし、一九六六年に作付けが始められたJR—8という品種は、一九六八年から一九六九年に細菌による焼き枯れ病《訳注：急速に葉や茎が褐色になり、枯れてしまう病気》となり、一九七〇年から一九七一年にかけては、ツングロ・ウイルス《訳注：著しい減収と米質の低下を招く、イネ科植物だけに矮化病を起こすウイルス》による被害を受けた。そのため、一九七七年には、細菌による焼き枯れ病とツングロ・ウイルス病を含む八種類の主な病気に対する抵抗力を獲得させるために、IR—8という品種が交配された。しかし、単一栽培である限り、新しい二種類のウイルス病「ラギッド・スタント病」と「ウィルティッド・スタント病」《訳注：どちらも、生長点の細胞分裂が阻害され、植物全体が萎縮してしまう病気》に対して無防備であることには変わりはない。[1]

「驚異の品種」によって、伝統的に作付けされてきた多様な作物が失われてきた結果、多様性の置換と減退のため、病害となる生物を導入・育成するための土台をつくってしまった。地域特有の品種は、その地域の病害生物や病気に抵抗性を持っている。たとえある病気が起こって、ある系統の品種が病気にかかりやすい状況になったとしても、他の系統の品種は抵抗性を持っているため、大被害を受けることはない。

自然界で起こることは、社会でも起こる。グローバルな統合によって多様な社会システムに単一化が強制されると、どの地域の社会も次々と崩壊し始める。中央集権化されたグローバルな統合に、暴力は付き物である。権力者による暴力行為は、その後、その被害者の間での暴力行為を生み出す。日常生活の条件が外部の権力によってますますコントロールされるようになり、地域社会の政治が腐敗すると、この不安定な時代における安定性の拠り所として、人々は自分自身のアイデンティティーへと執着するようになる。悲惨なことに、不安定性の原因があまりにも離れた場所にあるため、それを同定できないとき、一緒に平和に暮らしてきた多様な人々は、恐怖感を持って互いをみるようになる。多様性を明確に現わすことが、断片化への亀裂へとつながってしまう。そして、多様性は、暴力と戦争を正当化するものになってしまう。

このようなことは、レバノン、インド、スリランカ、ユーゴスラビア、スーダン、ロサンゼルス、ドイツ、イタリア、そして、フランスですでに見られたことである。地域あるいは政府がグローバル化の圧力のために崩壊するとき、その反動として民族的・宗教的なする。

感情が湧き上がる。地域のエリートは、その感情を操作することによって権力を得ようとする。

この世界は、もともと多様性を特徴とする世界である。そのような世界でグローバル化を推進すれば、社会にある複数の基本構造を、その自己組織化能力とともに、ばらばらにすることは避けられないだろう。様々な社会・文化の間の交流の基礎として政治的・文化的レベルでガンジーが考えていたものは、この自己組織化する自由であった。「私は、すべての土地の文化が、風に吹かれるままになびくように、できるだけ自由な状態にあることを願う。しかし、私は、誰からも自分の文化的アイデンティティーを吹き飛ばされたくはない」とガンジーは言った。

グローバル化という言葉は、多様な社会・文化の交流を意味するのではない。それは、ある特定の文化を他のすべての文化に強要することである。また、グローバル化は、地球規模での生態学的均衡を求めるものでもない。ある一つの特定の生物種、特定の階級、特定の人種、そして、しばしば、特定の性別だけのために他のすべてを犠牲にすることである。「グローバル」という言葉は、支配する側の論理で使われており、世界的な管理を目指す優勢な地域が制圧の対象とする政治的な勢力範囲のことを意味する。生態学的な持続可能性と社会的な正義の崩壊という緊急事態を招いた責任から逃れるための言葉である。この意味で、「グローバル」という言葉は、人類共通の志向を代表するものではない。それは、ある特定の地域の偏狭な志向と文化を体現しているに過ぎないのである。グローバル化は、勢力範囲の拡大、管理体制の強化、責任逃れ、相互関係の欠如という形で推進されてきたのである。

歴史的に見ると、グローバル化には、三つの波があった。第一の波は、一五〇〇年以来行なわれてきた、ヨーロッパ権力による米国、アフリカ、アジア、オーストラリアの植民地化であった。第二の波は、「開発」という西洋のアイディアを強要することであった。それは、過去五〇年間のポスト植民地時代に起こった。第三の波は、約五年ほど前、一九九〇年代の初期からみられるようになった。それは、「自由貿易」の時代として知られている。ある人は、これを「歴史の終わり」と解釈していたが、第三世界にとっては、これは再植民化という「歴史の繰り返し」である。広く知られているメタファーではこれらのグローバル化の波は非連続的であり、植民者も異なることは確かだが、それぞれのグローバル化の波の影響が累積的なものであることも確かである。そして、それぞれの波において、グローバル化が多様性を除去し、単一性を強制してきた。混乱と崩壊は鎮められるどころではなく、過激化するばかりであった。

グローバル化Ⅰ：植民地主義

ヨーロッパが最初に世界中の様々な土地と文化を植民地にしたとき、同時にその自然環境も植民化した。その契機となったのが、産業革命と科学革命である。それらを通して、自然に対する著しい知覚の転換が起こった。ヨーロッパの精神において、「自然」は「自己組織化する生き物」から「人間の搾取のための単なる物体」や「管理と統制を必要とするもの」に変化させられたのだ。

「資源（リソース）」とは、もともと生命を意味する言葉であった。その語源は、ラテン語の「レスルゲーレ」で「再び立ち上がる」ことを意味する。言い換えると、資源とは、もともと自己再生能力を意味する言葉なのだ。自然界に対して「資源」という言葉を用いることは、自然と人間の相互扶助の関係も示唆していた。[2]

しかし、産業主義と植民地主義の勃興によって、その意味に変化が起こった。「自然界の資源」は、産業的商品生産と植民地貿易のためのインプットと捉えられるようになった。自然は、「死んだ操作可能な物体」へと変化させられた。再生・成長するという自然の能力は否定された。

自然界のデリケートな相互のつながりを破壊することは、その自己組織化能力を否定するために必要なことであった。そして、この自然界への暴力が、今度は、社会での暴力へと発展していくのである。

ヨーロッパの男性によって完全に管理・制御されていないものは、すべて脅威的な存在として捉えられた。その脅威の対象には、自然界、非西洋社会、女性が含まれる。自己組織化したものは、野蛮なものであって、野放し状態であって、未開文明であるとされた。自己組織化することが「混沌」であると誤認されると、「秩序」の改善を目的とした暴力的な体制を強要するための論理ができてしまう。元来の本質的な秩序は、その時点で乱され、さらには破壊されてしまうのだ。

ほとんどの非西洋社会では、野生的なものは神聖なものであると考えられている。多様性を民主主義と自由へのインスピレーションの源泉として捉えるのである。社会の民主主義は、自然の多様性の基本原理から導き出されると、インドの国家的詩人ラビンドラナス・タゴールは、独立運動の最盛期にタポヴァン《訳注：ヒンズー教の聖地ゴームク近郊に位置するインドの都市》において記している。自然の多様性の最も高度な表現形態は、森林である。森林の中で常に行なわれている多様な再生過程は——生物種によって、季節によって、その姿、音、匂いなどは異なっているが——、インドの社会の文化を支えてきた。多様性の中の生命の統一的な基本原理、および、民主主義的な多元性は、このようにして、インド文明の基盤となった[3]。

ヨーロッパ人が米国、アフリカ、アジアの先住民を「発見」したときは、先住民は常に「より高等な人種による救いを必要としている野蛮人」であると見なされた。このような理由のもとに、奴隷制度さえ正当化された。アフリカ人を奴隷化することは、慈悲の行動であると見なされた。なぜなら、「野蛮な状態を永遠に続ける運命」から「高等な文明の保護を受ける状態」になるからというのである。

野生性とそれに関する多様性に対して西洋人が持っている恐怖感は、「人間が支配しなければならない」という至上命令——自然界の制御と支配への衝動——に密接に関わっている。それゆえ、一七六〇年代にニューイングランド会社の会長でもあった有名な科学者ロバート・ボイルは、機械論的な哲学の勃興を、単に自然に対するだけでなく、アメリカ先住民に対する権力の道具として考えた。ボイルは、ニューイングランドのインディアンから自然界のしくみに関する馬鹿げた考えを取り除くことが必要だと明確に宣言している。ボイルは、インディアンが自然界を「女神のようなもの」として認識していることを攻撃した。そして、「男性は『インディアンが自然と呼んでいるもの』の開拓に従事しているが、それにインディアンが崇拝心を持っていることは、劣等な神の創造物の上に男性の帝国を打ち立てる際、意欲を挫くような障害でありつづけた」と述べた。[4] この「男性の帝国」という概念によって、それ以前に存在した「大地の家族」という概念——その場合、人間は自然界の多様性・多面性の中に含まれる——は消し去られたのである。

この概念的な縮小化は、植民地主義と資本主義の推進に必須のものであった。自然と人間は一つの「大地の家族」であるという概念からは、搾取や支配が生まれることはない。

自然を崇拝する心と社会の権利を否定することは、無秩序な搾取と利益の追求のために必要なことであった。

このように、ヨーロッパの男性にとって、多様性は脅威として映った。ヨーロッパの男性が人間としての基準であり、人間の権利を持つ基準であるという世界観にとって、多様性は消し去られるべき対象だったのである。A・W・クロスビーによれば、

ヨーロッパ帝国主義の繁栄をみた数世紀間、すべての男性は兄弟であるという考えが非ヨーロッパ人の迫害へと結びつくことをキリスト教徒は理解していた。非ヨーロッパ人は、もはや自分に似つかないほどに罪を犯してしまった兄弟であると解釈されることが何度もあったのだ。[5]

すべての残忍な行為は、ヨーロッパ男性が優越している「完全なる人間」であるという排他的な立場を前提条件として、是認された。ベイジル・デイヴィッドソンが述べているように、「法を持たない部族」や「秩序のない民族や野蛮人」よりもヨーロッパ人が「自然

に」優れているという前提によって、他の人々の領域と所有物を侵略し、搾取することが倫理的に正当化された[6]。

他の文化とその権利をヨーロッパ文化との違いを根拠として否定することは、資源と富を取り上げるために便利なことであった。教会は、非キリスト教徒を攻撃、征服、服従させ、その物品と領土を奪い取り、土地の占拠と所有物を運び出す権限をヨーロッパ君主に与えた。五〇〇年前、コロンブスはこの世界観を携えて新世界へとやってきた。そして、グローバル化の第一の波の結果として、何百万人もの人々や何千もの生物種が、地上に存在する権利を失ったのである。

グローバル化Ⅱ：「発展」

多様性を否定する戦争は、植民地主義で終わることはなかった。ヨーロッパ人以外のすべての人々が不完全で欠陥を持つ人々であるという前提は、「発展」というイデオロギーとともに再来した。それは、世界銀行、国際通貨基金、そして、他の金融機関と多国籍企業からの寛大な支持と助言による救済であると正当化された。

「発展」というのは美しい言葉である。それは内部からの進歩を示唆する。それは、二〇世紀の半ばまでは、「自己組織化による進歩」という言葉と同義語であった。しかし、現在、「発展」というイデオロギーは、西洋の優先権・文化・偏見のグローバル化を意味する。自律的な創生ではなく、「発展」は外部から強制されたのである。内部から来るのではなく、外部から誘導されたのである。「発展」は多様性の維持に貢献するのではなく、同質性と単一性をつくり上げた。

緑の革命は、「発展」というパラダイムが推し進められた最も顕著な例である。それは、地球の多様な生態系に適応した多様な農業形態を破壊した。そして、商業生産のための農業という形で文化と経済をグローバル化した。「発展」というパラダイムは、何千もの農作物やその品種を消滅させ、第三世界の至るところで、米、小麦、トウモロコシの単一栽培が促進された。それは、旧来行なわれていた内部からのインプットを資本と化学物質を過激に必要とするインプットに置き換え、農家に負債を負わせ、生態系を死に追いやった。

緑の革命は、単に、自然界に対して暴力を発散させただけではなかった。外部から管理され、グローバルに制御された農業をつくり出すことによって、社会にも暴力の種を播いた。

外資に支援され、外国の専門家によって計画された農村の発展一般――特に緑の革命――は、政治的に安定してきた農村地域に平和を促進する方法という名目で施行された。しかし、それは、実際には、中国以外の地域が、社会主義革命の影響下に組み込まれることを防ぐために行なわれた。その二〇年後、目に見えなかった生態的・政治的・文化的な緑の革命の失敗が明らかになってきた。

政治的なレベルでは、緑の革命は闘争を減らすのではなく、さらなる闘争をつくり出すことになった。物質的なレベルでは、商業用穀物ばかり生産するために、生態系に新しい空白状態ができ、新しい闘争の源泉をつくった。文化的なレベルでは、緑の革命の同質化の過程が、民族と宗教の自己アイデンティティーをいたずらに再発させた。

第三世界の生態的な民族崩壊の危機は、「多様性・非中央集権化・民主主義への要求」と、「単一化・中央集権化・軍備化」の間での基本的な未解決の問題から起こると解釈できる。自然と人々を管理下に置くことは、緑の革命の中央集権化戦略の基本的必須事項である。

自然界の生態学的な崩壊と社会の政治的崩壊は、自然界と社会の両方共を取り壊す政策を原因としているのだ。

緑の革命は、「テクノロジーは自然より優れている」という前提に基づいている。それゆえ、テクノロジーは自然界の限界によって制限されることのない成長をつくり出す方法であると主張されるのである。自然界を「空白状態の資源」と考え、テクノロジーを「豊富な資源」と考えることは、生態学的な破壊を通して新しい欠乏状態を自然界につくり出すことが、概念的・経験的にわかっている。緑の革命によって、例えば、肥沃な大地と農作物の遺伝的多様性の利用可能性が低くなり、生態学的な空白状態が生まれた。

緑の革命は、多様性と内部からのインプットを基礎とする農業システムを、単一性と外部からのインプットを基礎とする農業システムへと変えた。これは、生態学的な農業過程を単に変化させただけではなかった。社会的・政治的な構造も、農村内での相互の（非対称だが）義務を基礎とするものから、個々の生産者と銀行、種子・化学肥料会社、食料買い上げ会社、電気・灌漑会社との関係を基礎とするものに変えられた。地方自治体と市場に直接的な関係を持つ生産者は粉砕され、断片化され、文化的規範と実生活の崩壊を起こした。そればかりか、外部供給のインプットが十分なものではなかったため、社会階層間や地域間での紛争や競争のきっかけをつくり出し、暴力と闘争の種を播いた。

緑の革命を可能にした権力者による権力者のための計画と配当は、人々の生活だけでなく、自己アイデンティティーそのものについての考え方にも影響を与えた。すべての問題に関する指示を政府から一方的に言い渡されるため、欲求不満が政治的な問題と化した。多様な地域社会という脈絡の中で、そのような中央集権的な社会操作は、人種的・宗教的対立を生み出したのだ。それぞれの政策は、「私たち」のためのものか「彼ら」のためのものかという区別がなされるようになった。ここで、「私たち」とは、不公正な扱いを受けている人たちであり、「彼ら」とは、不公平にも特権を得ている人たちである。[7]

フランシーン・フランケルは、一九七二年に『緑の革命の政治的挑戦』でその分析結果について以下のように述べている。

さらに、この分析が示唆している主な結果について、今考慮しても早すぎるということはないだろう。つまり、破壊の過程はあまりにも早く加速されているので、自律的な再均衡化のために残された時間は、そのような過程が実行可能であるとしても、……極端に短縮されることになる。対抗するイニシアチヴがないため、すでに動き出している権力によって、農村地域の伝統社会は完全なる崩壊へと追い込まれるであろう。(8)

一九七二年になされた農村崩壊の予言は、かなり行き過ぎの推測のように思われたかもしれない。しかし、予想は的中した。一九八四年、二人のシーク教徒過激派がインディラ・ガンジーを暗殺した。その反撃として、二〇〇〇人のシーク教徒がデリーで大量殺略された。一九八六年には、五九八人がパンジャブで殺された。その一年後、それは一五四四人にも及んだ。さらに、一九八八年には、犠牲者は三〇〇〇人にまで増加した。

緑の革命のテクノロジーの急速かつ大規模な導入は、二つのレベルで社会構造と政治過程を混沌状態に陥れた。第一に、社会階級の間での不均衡が拡大された。第二に、社会の商業化も進んだ。フランケルが述べているように、緑の革命は完全に社会的規範を侵害してしまった。「新しいテクノロジーが最も激しく推進された地域では、植民地支配のもとで一世紀間行なわれてきた社会操作でも達成できなかったことを達成した。それは、安定してきた伝統社会の残余を事実上破壊したことである」。

フランケルは社会崩壊を予言したが、崩壊は社会階級の闘争として現われると考えていた。しかし、緑の革命が展開されるにつれて、人種的・民族的側面が前面に出てきた。近代化と経済発展は、パンジャブでの内乱のように、民族のアイデンティティーを強化してしまい、宗教、文化、あるいは人種を基礎とする紛争のきっかけをつくったり、元来からの紛争を激化したりするのである。

地域・宗教・民族の復興運動は、同質化という脈絡の中での多様性の回復を大きな目標とした運動である。しかし、単一性の枠組みの中で多様性を求めると、「分離主義のパラドックス」に陥る。それは、アイデンティティーの消滅と侵害に基づいた社会構造においてアイデンティティーを求めることである。シーク教徒の農家の場合、最初は基本的な権利を要求していたが、その後、シーク州の独立要求へと変化した。これは、横方向に秩序化された多様な地域社会から、選挙政策によって縦方向に州権力に結合された粉砕された社会構造の変化、そして、隔離された個人状態をつくり出す社会分裂を原因としている。

「発展」が推し進められる中でみられる同質化の過程は、完全には民族間の違いを取り除くことはできない。違いは残り続ける。多面性の統合という脈絡の中で違いが現われるのではなく、同質化と断片化の脈絡の中に違いが現われるのである。積極的な多面性は、消極的な二面性へと変貌し、互いの競争を生み、経済と政治の権力が求める「欠乏した資源」のために争うことになる。多様性は二面性へと変化させられ、さらには排除されることになるのだ。

多様性を寛容できない心は、新しい社会病を生み、それは地域社会を崩壊させ、暴力・腐敗・破壊に耐えられなくする。「発展」という同質化に向かう地方自治体によってつくられる脈絡の中で、多様性を寛容できない心と文化的違いが残り続けることが原因で、ある地域社会が他の地域社会へ反感を抱くようになる。民族の違いが多様性の豊かさへと導かれるのではなく、それは、分裂の基礎となり、分裂のイデオロギーとなるのである。

グローバル化Ⅲ：「自由貿易」

グローバル化と同質化は、現在では、国家や州によってではなく、世界市場を制御するグローバルな権力によって実行されている。現在、「自由貿易」とは、グローバル化による支配のメタファーである。自由貿易交渉や条約は、市民や国々の自由を守るどころではなく、強制力と権力が行使される第一の場となった。冷たい戦争の時代は終わったが、貿易戦争の時代が始まったのである。

自由貿易の時代における暴力行為の典型例として、米国通商法、特にその「特別および特殊三〇一条項」が挙げられる。それは、米国の企業に市場を開放しない国家に対して、米国が一方的な制裁を加えることを許可したものである。「特別三〇一条項」は、投資のための自由を強要する。「特殊三〇一条項」は、知的所有権の保護を通して、市場の独占管理のための自由を強要する。自由貿易とは、西洋の自由化と保護主義を結合させた一方的な条件設定であることは明白である。マーチン・コーアが述べているように、「自由貿易と自由化は、ウルグアイ・ラウンドを進めるための見かけのよいスローガンに過ぎない。現実は、『我々に利益をもたらすなら自由化や保護主義を推進すべきであり、我々の自己利益が最も重要なのである』と言っているのと同じことだ[9]」。

第三世界の国々は、サービス・投資・知的所有権などの新しい領域にGATTを拡張することに反対している。国内で決定された問題に単に「貿易関連」という言葉を付加するだけで、GATTは、世界貿易機関（WTO）を通して、国際貿易を単に規制するだけではなく、基本的に、国家の政策を決定するのである。

GATTのウルグアイ・ラウンドにおける「多角的な貿易交渉」においてでさえ、このような暴力行為は第三世界に対して使われ続けている。「七七人グループ」の主任であり、コロンビアの国際連合の恒久代表であるフェルナンド・ジャラミロは、スピーチで以下のように述べた。「ウルグアイ・ラウンドは、今回も、先進諸国の将来にとって極めて重要な事項を決議しなければならない場合、発展途上国の主張は周辺的なものとして拒否されるということを証明した」[10]。

その過程自体が、非民主主義であり、一面的なものである。GATTのような自由貿易条約は、第三世界の国々の市民や弱い貿易相手国に強要される。例えば、一九九一年、GATTの長官であるアーサー・ダンケルによって、「取るか引くかの草案」が準備された。それはインドでは、あまり快適ではない頭文字を取って、DDT（Dunkel Draft Text）と呼ばれた。

それよりもさらに露骨な例を、一九九三年一二月のGATT交渉の最終段階にみることができる。米国の貿易代表であるミッキー・カンターとヨーロッパの代弁者レオン・ブリタンは、非公開のうちに「自由貿易」条約を草案し、世界に提示した。交渉は世界全体で行なわれるということが強く打ち出されたにもかかわらず、北部の国々は、最終的に、第三世界の国々のどのような決定も、二者会談においてでさえ、受諾することを拒否した。このような態度は、多面主義でもグローバルな民主主義でもないことは明らかである。ジャラミロ外交官が以下のように述べているように、新しい独裁主義の構造が出現したのである。

ブレトン・ウッズ研究所は、発展途上国に影響を与える主要な経済政策を決定する中核機関という立場を保っている。これまで、世界銀行と国際通貨基金が政策を打ち出すときの条件付けについて、我々すべては経験済みである。そのような研究所が政策を打ち出す際の内部事情についても、承知している。非民主主義的な性質、透明度の欠如、ドグマ的な原理、提案検討の際の多面性の欠如、工業国の政策の影響力の重要性などだ。

このことは、新設された世界貿易機関にも当てはまるようだ。その創設の条件を考えれば、この機関は工業国によって操られるものであることは間違いない。その使命は世界銀行と国際通貨基金と同じ性質を持つことになるに違いない。

発展途上の世界における経済を管理し、優越的な立場を保つという特定の機能を持つ三位一体化した新しい機関が誕生したことを、我々はすでに承知している。[11]

現実には、自由貿易とは、多国籍企業が世界のほとんどの国において貿易と投資ができるように、その自由と権力を大幅に拡張するものであった。その一方で、多国籍企業の活動を制限する国家政府の権限を減少させるものでもあった。ウルグアイ・ラウンドの真の権力者である多国籍企業は、新しい権利を獲得し、労働者の権利と環境の保護という古くからの義務を捨てたのである。

自由貿易は、真の意味では自由ではない。それは、強大な権力を持つ多国籍企業の経済的関心を保護するものなのである。多国籍企業は、現在でもすでに世界の貿易高の七〇%を支配している。確かに、多国籍企業は、その生存のために国際貿易を避けることはできない。しかし、多国籍企業の自由は、他の場所での市民の自由の破壊に基づいて成り立つものである。過去の二つの植民化の波の後に第三世界が独立自治できた短い期間があるが、そのわずかな痕跡を破壊することによって成り立っていると言ってもよいであろう。GATTはそれぞれの独立国の民主主義制度――地方の評議会、地方自治体、国会――を本質的に無能にした。政治機関は、市民の意思を実行できなくなったのである。

もちろん、GATTによって、国際貿易の物品とサービスの量は増加したかもしれない。しかし、グローバル・エコノミーから除外された人々に関しては、失業率の増加や、労働者不要という空洞化を生むことにもなるであろう。インド通商大臣は一九九四年に、GATTの結果、インドの失業率は劇的に増加するだろうと認めている。ドイツでは、失業率は、七・四%から一一・三%に増加すると予想されている。フランスでは、九・五%から一二・一%に増加してきた。イギリスでは、九・七%から一〇・四%への増加がみられた。イギリスのトップ企業一〇〇〇社は、一五〇万人分の仕事を一年で削減した。その労働者総数は、八六〇万から七〇〇〇万人強程度にまで減少した。次の一〇年間に、フランスの失業者は三五〇万人までに上昇するだろうと、フランス議会は見積もっている。ジェレミー・リフキンは『大失業時代』で、米国では、一億二〇〇〇万のうち、九〇〇〇〇万の仕事が、生産の再構成のために置き換えられる可能性があると述べている。(12) 最近の『ウォール・ストリート・ジャーナル』の記事では、予見可能な近い将来、毎年一五〇万から二五〇万の米国の仕事が失われる可能性があると予想している。

雇用者のための保険金額も減少してきている。フランスは老齢年金の凍結を発表した。ドイツは失業者保険を削減した。未公開文書によると、イギリス政府は雇用者の保健と安全管理の規制解除を検討中である。これらは、雇用主がトイレット・ペーパーと石けんを仕事場へ供給する義務の撤廃から、労災防止義務の部分的撤廃にまで広範囲に及ぶものである。

それでも工業国は、国内の雇用者の権利を保護しようとはしない。第三世界の給与を下げる世界銀行の構造修正政策《訳注：マクロ経済の安定化などを理由に、平価切り下げ、経済の自由化などを通して経済における国家の役割を縮小していくプログラム》を廃止しようともしない。その代わり、工業国は、現在では、第三世界の低い給与のため、国際貿易において「社会的ダンピング」が起こる可能性があるので、裕福な国々を守るために貿易制裁が必要であると論じている。

世界中の何億もの農家の生計が、ＧＡＴＴと新しいバイオテクノロジーのために危機にさらされているのが現状なのだ。農業関連の条約に盛り込まれている「生産者退職」プログラムは、基本的に農民のリストラ政策である。それに加えて、種子と植物の品種が独占的に管理されることによって、植物の遺伝的資源の元々の育種者であり管理者であるはずの第三世界の小さな農家は、その経営に大きな圧力を受けることになった。

自由貿易という暴力行為に対して、その犠牲者が反抗するのは当然だろう。例えば、一九九四年一月一日――北アメリカ自由貿易協定の施行日――に、メキシコのチアパス地方で起こったサパチスタ《訳注：メキシコの人口の一〇～二〇％を占める、先住民の権利を守ることを目的にしたゲリラ組織》の反乱によって、一〇七人の命が失われた。反乱のリーダーは、「自由貿易協定は、メキシコのインディアンの人々にとって、死亡証明書となる」と反乱の理由を述べている。チアパス地方の反乱に触発されて、メキシコの他のグループも、反対のために立ち上がっている。先住民国民連合のリーダーが言うには、「我々を試すような曖昧な対応をしないでほしい。それは、サパチスタのような反乱を国中至るところで誘発させるだけだ。」

国際通貨基金と世界銀行の構造修正プログラムは、GATTが施行される以前の時代に自由貿易を確立しようとした。それは、第三のグローバル化の波を起こし、三つのレベルで暴力行為となった。

第一に、構造修正プログラム自体に暴力がある。それは、人々から食料、ヘルスケア、教育を奪い去るという暴力行為である。

第二に、人々の生存そのものが脅威にさらされるとき、人々は自分の権利を守るために反乱せざるをえない。この抗議行動は当然の結果として、世界銀行と国際通貨基金の構造修正条件を推し進める体制側からの抑圧を受けてしまう。あるペルーの経済学者によると、構造修正プログラムに反する数々の抗議運動で、約三〇〇〇人の命が失われ、七〇〇〇人が負傷し、一万五〇〇〇人が逮捕されたという。

最後に、自己組織化能力、自己政治能力、自己供給能力を奪われた人々は、経済的・政治的に弱体化し、その結果、暴力による紛争を触発した。つまり、自分の利益に関心を抱く権力者が、弱くなった民族・宗教団体を操り、互いに戦争させるのである。そのような内戦は、地球上すべての大陸でみられる。それは、人種、宗教、民族の違いを利用した社会操作である。冷たい戦争は終わったが、今度は、戦争は市民社会にグローバルな規模で導入された。多様性は、グローバル化・同質化する世界における問題点として捉えられるようになった。

以下に述べるソマリアとルワンダの社会崩壊は、グローバル化が引き起こす多種多様な暴力の鮮明な例である。

ソマリアの危機は、「部族主義」の残存のために起こったと一般的には解釈されている。しかし、ミカエル・チョスドフスキーによると、ソマリアの内戦は、構造修正プログラムによるグローバル化の推進に緊密に関係したものである。ソマリアの社会は遊牧民と小規模経営の農民の間の物々交換を基礎とした田園経済で成り立っていた。事実上、食料の自給自足を維持していた。また、一九八三年までは、家畜の輸出が、ソマリアの輸出収益の八〇%を占めていた。

一九八〇年代の国際通貨基金と世界銀行による修正プログラムは、ソマリアの経済的・社会的枠組みを破壊した。輸入品の価格引き下げと自由化は、国内の農業生産を侵害した。

七〇年代半ばから八〇年代半ばの間に、国外からの食料援助の量は以前の一五倍にも増加した。農民の生活は破壊されたのだ。獣医関連サービスと水資源の私有化によって、遊牧社会の崩壊も起こったのだ。チョスドフスキーは以下のように報告している。

国際通貨基金と世界銀行のプログラムは、ソマリアの経済を悪循環へと陥れた。多くの牛の群れが殺害されたため、遊牧民は飢餓に陥り、次に、家畜と穀物の売買や物々交換をしていた穀物生産者に跳ね返りがきた。田園生活者の経済的・社会的枠組み全体が壊されたのだ。家畜の輸出の減少と収入額の減少のため、外国との貿易が崩壊した。それは支払いの収支と地方市民の財力に影響し、政府の経済・社会プログラムの崩壊につながった[13]。

ルワンダの集団殺害の原因もソマリアの場合と類似している。つまり、構造修正プログラムをグローバル化させる過程で問題が起こってきたのである。一九八九年、国際コーヒー協定は行き詰まり、世界中のコーヒーの価格が、五〇%以上も急に下落した。ルワンダのコーヒーの輸出収益は、一九八七年と一九九一年の間に五〇％も減少した。一九九〇年一一月、ルワンダ・フランの五〇％の平価切下げが、世界銀行と国際通貨基金の修正プログラムのもとに行なわれた。国際収支状況は劇的に悪化し、一九八五年以来すでに倍増していた未払いの貿易赤字が、一九八九年と一九九二年の間にさらに三四％も増加した。一九九二年六月、さらなる平価切下げが行なわれ、コーヒー生産は二五％も減少した。チョスドフスキーは説明する。

コーヒー経済の危機は、キャッサバ、豆、サトウモロコシなどの生産にも大きな影響を与えた。小さな農家を援助してきた貯蓄とローンの協同組合制度も崩壊した。さらに、ブレトン・ウッズ研究所によって推進された貿易自由化と穀物市場の規制撤廃に伴って、極度に政府に助成された安い食料の輸入が、豊かな国からの食料援助とともに、ルワンダに対して行なわれている。それは地域市場を不安定化させるのである。[14]

どの場所で行なわれようとも、グローバル化は地域の経済と社会組織の崩壊を招き、人々を不安定、恐怖、市民の争いへと追い込む。人々の生計に対して行なわれた暴力行為は、戦争という暴力行為へと蓄積されていくのだ。

これらの暴力の流行を包囲するには一つの方法しかない。我々は、自分の国民性に関わらず、感性と責任を持って、もう一度、多様性によって平和をつくり上げる努力をしなければならないのだ。多様性は闘争や混乱のレシピではないということを学ばなければならない。そうではなく、多様性を育むことは、社会的・政治的・環境的な面で、長期的に持続可能な未来をつくるための唯一のチャンスであるのだ。それは、我々の生存をかけた唯一の手段でもあるのだ。

Chapter Seven
Nonviolence and Cultivation of Diversity
非暴力と多様性の育成

Chapter Seven

現代社会で平和を脅かす最大の脅威となるのは、多様性を寛容できない心である。逆に言えば、多様性を育成することは、平和的共存——人と自然の平和的共存および多様な人々の平和的共存——という目的に最も大きく貢献するであろう。多様性の育成は、知的、実践的、意識的、かつ創造的な活動を通して行なわれるべきである。平和的共存のためには、単に多様性を寛容する心だけでなく、それ以上の心が要求される。なぜなら、互いの相違点を寛容できないために戦争を起こす人々を包囲するためには、単なる寛容だけでは十分ではないからである。

多様性は、自己組織化の能力と緊密に結びついている。地方分権化と地域的な民主主義を推進することは、多様性を育成するために政治的に実行されなければならない。多様な生物種と地域社会が、自分自身の必要性・構造・優先順位に従って自己組織化し、さらに進化していく自由を持つことによって、平和な社会が築かれるのだ。

グローバル化によって、自主管理・自治・自己組織化のための必要条件は蝕まれてきた。その代わり、暴力的な体制が確立された。その体制を維持するため、強制的な社会構造が押し付けられ、その結果として生態学的・社会的な秩序が崩壊させられた。その意味で、これは暴力的な行為だと言わねばならない。

外部から無理やり苦しい生活を強いられた人々が自己組織化する権利を再主張することも、多様性の育成の一環となる。優位な立場にある国々は、様々な人々や生物種に見られる生きた多様性を否定し、自分たちの優先権とパターンを強要するが、そのような国々にも、多様性に関する正しい価値観を育てなければならない。その場合、「他人」――他の文化と他の生物種――の能力と本質的な価値を認知してもらわなければならないであろう。それはまた、他人を管理下に置きたいという欲望をあきらめてしまうことを意味する。管理下に置く欲望は、他人を自由にしておく恐怖、暴力を生むのではないかという恐怖に根源を持つ。多様性の育成は、それゆえ、グローバル化、均一化、単一文化という暴力行為に対する非暴力による回答であると言える。

このように、生物多様性の問題は、急速に、「多様性と非暴力に基づく世界観」と「単一文化と暴力に基づく世界観」の間の根本的な闘争の場と化してきているのである。

生物多様性の問題は、これまでは自然保護主義者だけの活動領域だと考えられてきた。しかし、自然界の多様性は、文化の多様性と収束する。様々な文化は、様々な生態系における生物種からの様々な贈り物の上に成り立っている。先住民たちは、生活環境に豊富にみられる生物学的な富を保存かつ使用するための多様な方法を見い出してきた。新しい生物種を生態系に導入するときは、慎重な実験と発明を重ねてきた。生物多様性は、単に自然界の豊かさを象徴しているだけではない。そこには、多様な文化的・知的伝統が織り込まれているのである。

生物多様性に関する二つの相反するパラダイムが存在する。第一のパラダイムは、地域社会の人々によるもので、「生物多様性の持続性は、その使用と保護に深く関連している」というものだ。第二のパラダイムは、商業的興味を持つ人々によるもので、「世界的な生物多様性は、巨大、単一かつ求心的な世界的生産システムとして利益を上げるために使用されるべきものである」というものだ。地域社会では、生物多様性を保存することは、資源・知識・生産システムに対する自らの権利を保存することを意味する。製薬会社やバイオテクノロジー会社など、商業的興味を持つ立場では、生物多様性それ自体は、何の価値もない。それは、単に搾取されるべき物体に過ぎない。そして、商業的生産は、生物多様性の破壊に基づく。なぜなら、多様性に基づく地域の生産システムが、単一性に基づく商業的生産によって置き換えられてしまうからである。

これら二つの相反するパラダイムの間での闘争が絶えないというのが、現状である。しかも、生命操作のための新しいバイオテクノロジーの出現と、生命の独占的制御のための新しい法制度の出現によって、この闘争は悪化してきている。

いわゆる先進国では、技術と法律の両方の面で、単一文化と単一性が支持されている。それは特に最近の動向である。そのような傾向は、いわゆる第三世界によって育まれてきた多様な技術的選択肢を奪い去ってしまうだろう。また、自然な生態系と権利・義務に関する多面的な方法をも、奪い去ってしまうと予想されている。分子的単一文化の精神によって人々を独占的に支配することは、遺伝子工学という新しい道具の勃興によって、さらに強力に行なわれることになる。ジャック・クロッペンバーグが警告しているように、

生物種の間で遺伝物質を動かす技術は、さらなる変種をつくる方法であるが、それは同時に、すべての生物種を単一な方法で操作できる技術でもある。(1)

生物種の間に遺伝的境界をつくることは、特異性と多様性を維持するための自然界の方法である。その生物種の境界を超えることによって、遺伝子組み換え生物の生産が達成された。これらの境界を超えることとの生態学的な影響は、まだ、完全に研究・評価されてはいないが、いくつかの結果を予想することは現時点でも可能である。

例えば、除草剤耐性の植物をつくることは、農業関連のバイオテクノロジー分野で最も大きな投資領域の一つである。その目的は、農業市場を二、三の会社に掌握させることである。同時に、除草剤の使用は、単一性への新しい圧力をつくり上げる。なぜなら、除草剤に耐性でない農作物は、その過剰使用によって汚染された土地では育つことができないからである。さらに、除草剤耐性を持つように遺伝子操作された農作物を導入すれば、除草剤耐性を持つ「超雑草」をつくり上げてしまうという結果に陥る可能性がある。なぜなら、除草剤耐性遺伝子は、その農作物の近縁種――つまり、雑草――へと移行するからである。

生態学的な視点から、遺伝子組み換え技術を農業へと用いることは、無駄であり、危険であり、かつ不必要であると言わねばならない。それにもかかわらず、知的所有権を通して生物学的な資源と市場の独占管理の条件を法制度がつくり出すがために、そのような不必要な方法が広がってきているのである。特許と同じく、知的所有権は、精神活動の生産物に対する権利であると考えられている。しかし、異なった文化は、異なった知識の伝統と、その知識の共有と交換のための異なった価値基準を発展させてきたことが考慮されなければならないはずだ。

例えば、インドの農繁期の始まりには、「アクティ」と呼ばれる祭典が催される。この祭典の間に、農家は多様な種子を持って一同に集まり、互いに交換する。このような文化的脈絡の中で、種子は私有物ではなく、共有物であると扱われる。これに反して、知的所有権は、多様な知識伝統を排除する、知識の単一文化に基づいた概念である。知的所有権は、非西洋文化の知的財産と自然財産を植民化するのだ。そのような植民化される財産は、いわゆる第三世界となった国々に集中している。片側通行の強制的な資源流出という五〇〇年以上にわたる歴史がそこにはある。

ＧＡＴＴのＴＲＩＰは、共有の権利を無視し、私有の権利だけを保護の対象にしている。農村、部族の森、そして、科学者が働く大学をも含む知的な共有財産を創造する場所において行なわれた、すべての種類の知識・アイディア・発明などはTRIPではまったく無視されているのだ。そのような偏狭な知的所有権の保護が推し進められれば、我々の世界を豊かにしてきた多面的な知的方法の息の根が止められてしまうだろう。

知的所有権は、知識と発明が商業的利益を生む場合のみに認識される。社会的必要性を満たしたときではない。利潤と資本の蓄積は、「創造」の唯一の結果とみなされる。社会的利益はもはや認識されない。

人間社会の非常に少数の人々だけに都合の良いようにつくられた優先権をユニバーサルなものにすることは、創造性を破壊するが、育成の土壌をつくることはないだろう。私的所有物という形にまで人間の知識を還元させることによって、知的所有権は、人間の発明・創造する潜在能力を萎縮させるのだ。アイディアの自由な交換を強奪や略奪行為へと変えてしまうのである。

現実には、「知的所有権」とは、現代的な略奪行為に与えられる洗練された名称にすぎない。他の生物種や文化への配慮や敬意はまったくなく、知識所有権は、道徳的・生態学的・文化的な暴行であると言わねばならない。しかも、知的所有権が存在するために、文化的・人種的・生物種的な偏見と傲慢で汚れた行為が、生物多様性に対して行なわれてきた。

ＧＡＴＴは、男性が生命を所有・制御・破壊する経済的な権力として、無制限の権利を持つものとしている。また、資本主義的・父権的な自由の概念が、「自由貿易」という言葉で明言されている。しかし、一見、国際貿易とはかけ離れた人々に見える第三世界の人々にとっては、そして、特に女性にとっては、「自由」という言葉は異なった意味を持つ。この自由の意味については、議論の的となっている。食料と農業における自由貿易のあり方は、今日の人類が直面している最も基本的な倫理的・経済的問題の具体的な焦点なのである。

生物多様性の問題に真剣に取り組むことは、倫理的、生態学的、認識論的、そして、経済学的レベルで、多様性を回復する機会を提供してくれるのである。

生物多様性を保護することは、最も基本的なレベルで、「他の生物種と文化は基本的権利を持ち、それらは数人の特権者による経済的搾取によって価値が引き出されるものではない」ということを倫理的に認識することである。生命体を特許化・所有することは、倫理上、その反対の信念を宣言していることになる。

これまで生物多様性が保護されてきたのは、地域社会の文化が他の生物種に敬意を払う倫理観を持っているからである。そして、地域社会の文化は、保護の目的と調和しながら資源を利用できるように、多様な生物種の知識とそれらとの相互作用の知識を発展させてきたからである。

それゆえに、生物多様性を保護することには、文化的な多様性と知識伝統の多面性の保護が伴わなければならない。そして、現在では、この文化的多様性の保護は、急速な変化と加速的な破壊の時代を乗り越えるために、生態学的にも必要なのである。

この世界は、日に日に不確実で予測不可能なものになってきている。それでも、その原因をつくりだした技術と経済の枠組みは、完全な決定論と統制力をモットーとする線形的なパラダイムに基づいているのである。過去の社会体制は、生産の中央集権化と単一化という劣悪な社会的・生態学的状況を現在にまで残している。ところが、現在でも、中央集権化と単一化への圧力は増加傾向にあるのだ。

中央集権化と単一化は社会の成長に不可避なものであるとしばしば仮定される。しかし、どのような種類の成長というのだろう?

多元的で多様な社会が全体として知覚されれば、それは高い生産性を持つことがわかるだろう。「第三世界の生産性は低い」という思い込みは、一次元的な枠組みの中で評価した場合の結果にすぎない。そのような視点は、自己以外を道具として見なす世界観に通じる。例えば、豚や牛は、製薬会社のためにある種の化学物質を生産する単なる生物反応器として扱われる。そのような世界観では、まったく倫理的な制限なしに生物を人為的に操作・設計することが正当化されてしまうのである。多様性という世界観では、多様な構成成分を、その大きさに関係なく、知覚することができる。それぞれの部分の多様な役割と相互扶助関係を認識することは、他の生物種の搾取に限定範囲を設けることにつながる。さらに、人間の傲慢さにも限定範囲を設ける。

ナブダンヤ(九種類の種子)やバルナジャ(一二種類の農作物)という農法《訳注:インドに伝統的に伝わる、輪作・混合作付けによって収穫高を上げる方法》は、高い生産性を持ち、多様性を基礎とする混合作付け・多種栽培の例である。これは、どのような単一栽培よりも高い収穫高を得ることができる。しかし、不幸にも、そのような伝統的な農法は消え去ろうとしている。生産性が落ちたためではなく、外部からのインプットをまったく必要としないからである。窒素化合物を穀物に供給するマメ科植物との共生を基礎としているからである。それに加えて、それらのアウトプットは多様である。家族の人々が必要な栄養的なインプットをすべて供給する。

この多様性は、商業的な興味に反するものである。商業的に利潤を最大化するためには、単一のアウトプットの生産を最大化する必要がある。けれども、多品種栽培が、その本質的な性質から、生態学的に賢明であることに変わりはない。つまり、生産過程に多様性を回復することは、世界中で人々の生計・文化・生態系を破壊しているグローバル化・中央集権化した均一な生産方法へ対抗する力を提供してくれるのである。

我々の選択肢を複数化すれば、それと同時に元来の社会を再び築き上げ、外部からの管理に抵抗することができるだろう。インドでは、ＧＡＴＴ――特に、その知的所有権条項――による再植民地化の脅威に対抗して、巨大な民権運動――「種子サトヤグラハ」――が過去数年間で勃興した。ガンジーによれば、人々が「不公正な法律に従うのは不道徳である」と考えるなら、どのような暴政もそのような人々を奴隷化することはできない。『ヒ

ンド・スワラージ』で述べられているように、

「不公正な法律に従わなくてはならない」という迷信が存在する限り、奴隷制は存在するだろう。逆に言えば、受動的な抵抗だけでも、そのような迷信を除去することができる。(2)

「サトヤグラハ」は、「スワラージ」《訳注：ヒンズー語で「自治」や「独立」を意味し、インドの独立運動の精神的基礎》と呼ばれる自主管理への鍵となる運動である。インドの解放運動では、「自主管理は我々の生得権である」というフレーズこそ、最も広く響き渡った。ガンジーにとって、そして、現在のインドの社会運動にとって、自主管理とは、中央集権化された状態による自立的な管理を意味するのではない。そうではなく、中央集権化を脱した地域社会による自立的な管理を意味する。「ナテ・ナ・ラジ」(自分の村の自立的管理)という言葉は、インドの草の根環境運動の一つのスローガンである。

一九九三年三月、デリーで行なわれた巨大な集会において、農家の権利宣言がつくられた。その権利の一つに、地方自治権がある。それは、「地域の資源は地域的統治の基本原理に則って管理されなければならず、当然のこととして、その村の自然資源はその村に属する」ことを明示したものである。

種子を生産・交換・修飾・販売する農家の権利もまた、スワラージの表現の一つである。たとえGATTが施行されても、インドの農家はそれに違反せざるをえないと宣言している。なぜなら、GATTは農家の生得権を侵害しているからである。

ガンジー主義者にはもう一つの概念がある。それは、「種子サトヤグラハの復活」というスワデーシーの概念《訳注：ヒンズー語で、「自国で生産されたもの」という意味で、輸入製品のボイコット運動の精神的基礎》である。スワデーシーは、再生の霊魂であり、創造的な再構築の方法でもある。スワデーシーの哲学によると、圧制的な構造から自分自身を解放するために必要なものを、物質的にも、道徳的にも、人々は自己の中にすでに持っているのである。

ガンジーにとって、スワデーシーは、地域社会の資源・技能・施設に基づいたものであり、必要な場合には、地域社会を変えることもあるという積極的な概念であった。強要された資源・施設・構造は、人々を自由でない状態に拘束する。ガンジーにとって、スワデーシーは、平和と自由の創造のために中心的な役割を果たすものであった。

自由貿易の時代には、インドの農村社会は、スワデーシー、スワラージ、サトヤグラハの概念を再び生み出すことによって、非暴力と自由を再定義しようとしている。第三世界の地域社会の生物学的・知的遺産の略奪を合法化するGATTのような不正な法律に対して「ノー」という立場を明言しているのだ。

種子サトヤグラハの中心となるのは、第三世界の地域社会における「共有の知的権利」を宣言することである。第三世界の地域社会における発明は、西洋社会の商業世界における発明とは、その過程と目的が異なることは確かだが、その違いだけで前者ばかりが無視されるべきではない。自然界の多様性を反映した、豊かで寛大な知識は、第三世界からの贈り物であるのだ。

そして、種子サトヤグラハは、単に「ノー」と言うだけでなく、積極的な活動も展開している。地域種子銀行の設立、農家の種子の供給の強化、様々な場所に適した長期的に維持できる農業形式の模索など、資本主義種子産業の介入に代わるものをつくりだしたのである。

多様性の操作と独占が行なわれている現在、種子は「自由の場」かつ「自由の象徴」となった。つまり、種子は自由貿易による再植民地化の時代において、ガンジーのチャルカ（紡ぎ車）の役割を果たす。ガンジーの平和運動において、チャルカは自由の象徴となった。その理由は、大きくて強力だからではなく、小さいからである。最小の小屋にも、最貧の家族にも、抵抗と創造の象徴として、生きた力を貸すことができるからである。その力は、その小ささに宿っているのである。

チャルカと同じく、種子もまた、小さなものである。多様性と生き続ける自由を宿している。そして、種子は現在でも、インドの小さな農家の共有財産である。種子という場において、文化的多様性は生物学的多様性と融合する。エコロジーの問題は、社会的公正、平和、そして、民主主義と重なり合うのである。

9. Martin Khor, *The Uruguay Round and Third World Sovereignty* (Penang: Third World Network, 1990), p. 29.

10. Quoted in Chakravarthi Raghavan, "A Global Strategy for the New World Order," *Third World Economics*, No. 81/82 (January 1995).

11. *Ibid*.

12. Jeremy Rifkin, *The End of Work* (New York: Tarcher/Putnam, 1994). 『大失業時代』松浦雅之・訳、TBSブリタニカ（1996）

13. Michel Chossudovsky, "Global Poverty," unpublished manuscript.

14. *Ibid*.

Chapter Seven
非暴力と多様性の育成

1. Jack Kloppenburg, *First the Seed* (Cambridge University Press, 1988).

2. M. K. Gandhi, *Hind Swaraj or Indian Home Rule* (Ahmedabad: Navjivan Publishing House, 1938), p. 29.

Chapter Five
生命特許の波紋

1. Jack Doyle, *Altered Harvest* (New York: Viking, 1985), p. 256.
2. *Ibid.*
3. Peter Wheale and Ruth McNally, "Genetic Engineering: Catastrophe of Utopia," *U.K. Harvester* (1988): 172.
4. U.S. Academy of Sciences, *Field Testing Genetically Modified Organisms: Framework for Decisions* (Washington, D.C.: National Academy Press, 1989).
5. Anne Kapuscinski and E. M. Hallerman, *Canadian Journal of Fisheries and Aquatic Sciences*, Vol. 48 (1991): 99-107.
6. G. B. Pant, "The Forest Problem in Kumaon," *Gyanodaya Prakashan* (1922): p. 75.
7. G. S. Halappa, *History of Freedom Movement in Karnataka*, Vol. II (Bangalore: Government of Mysore, 1969), p. 175.
8. "National Conservation Strategy Action Plan for the National Policy on Natural Resources and the Environment," National Conservation Strategy Secretariat, Addis Ababa, Vol. II (December 1994): 7.

Chapter Six
多様性によって平和を築く

1. Vandana Shiva, *The Violence of the Green Revolution* (London: Zed Books, 1991), p. 89. 『緑の革命とその暴力』浜谷喜美子・訳、日本経済評論社（1997）
2. Vandana Shiva, "Resources," in ed. Wolfgang Sachs, *Development Dictionary* (London: Zed Books, 1992), p. 206.
3. Rabindranath Tagore, "Tapovan" (Hindi), Tikamagarh, Gandhi Bhavan, undated, pp. 1-2.
4. Robert Boyle, quoted in Brian Easlea, *Science and Sexual Oppression: Patriarchy's Confrontation with Woman and Nature* (London: Weidenfeld and Nicholson, 1981), p. 64.
5. A. W. Crosby, *The Colombian Exchange* (Westport, CT: Greenwood Press, 1972), p. 12.
6. Basil Davidson, *Africa in History* (New York: Collier Books, 1974), p. 178.
7. *The Violence of the Green Revolution*, p. 171.
8. Francine Frankel, *The Political Challenge of the Green Revolution* (Princeton, NJ: Princeton University, 1972), p. 38.

30. European Patent Office, application no. 833075534.
31. "Women and Nature in Capitalism."
32. Marilyn Waring, *If Women Counted* (New York: Harper & Row, 1988).
33. United Nations Conference on Environment and Development, "Agenda 21," adopted by the plenary on June 14, 1992, published by the UNCED Secretariat, Conches, Switzerland.

Chapter Four
生物多様性と人々の知識

1. Vandana Shiva, *Monocultures of the Mind* (London: Zed Books, 1993).
2. *Charaka Samhita*, Sutra Sthaa..a, Cnap. 1, Sloka, pp. 120-21.
3. R. Stone, "A Biocidal Tree Begins to Blossom," *Science* (February 28, 1992).
4. Letter to Professor Narjunaaswamy, convener of the Karnataka Rajya Raitha Sangha Farmers' Organization.
5. The EPA does not accept the validity of traditional knowledge and has imposed a full series of safety tests upon one of the products, Margosan-O.
6. World Resources Institute, 1993.
7. Susan Laird, "Contracts for Biodiversity Prospecting," in *Biodiversity Prospecting*, World Resource Institute (1994): 99.
8. Farnsworth, quoted in *Biodiversity Prospecting* (1990): 119.
9. SCRIP, quoted in *Biodiversity Prospecting* (1992): 102-3.
10. *Biodiversity Prospecting* (1991): 103.
11. James Enyart, "A GATT Intellectual Property Code," *Less Nouvelles* (June 1990): 54-56.
12. "Basic Framework for GATT Provisions on Intellectual Property," statement of views of the European, Japanese, and U.S. business communities, June 1988.
13. *Ibid.*
14. *Ibid.*
15. *Ibid.*

9. Jack Kloppenburg, *First the Seed* (Cambridge, England: Cambridge University Press, 1988).

10. Quoted in Jack Doyle, *Altered Harvest* (New York: Viking, 1985), p. 310.

11. *First the Seed*, p. 185.

12. Stephen Witt, "Biotechnology and Genetic Diversity," California Agricultural Lands Project, San Francisco, CA, 1985.

13. Pat Mooney, "From Cabbages to Kings," in *Development Dialogue* (1988): 1-2 and "Proceedings of the Conference on Patenting of Life Forms" (Brussels: ICDA, 1989).

14. "Biotechnology and Genetic Diversity."

15. *Altered Harvest*.

16. Hans Leenders, "Reflections on 25 Years of Service to the International Seed Trade Federation," *Seedsmen's Digest* 37: 5, p. 89.

17. Quoted in *First the Seed*, p. 266.

18. *First the Seed*, p. 266.

19. Rural Advancement Foundation International, *Biodiversity, UNICED and GATT*, Ottawa, Canada, 1991.

20. *Ibid*.

21. *Ibid*.

22. Food and Agriculture Organization (FAO), International Undertaking on Plant Genetic Resources, DOC C83/II REP/4 and 5, Rome, Italy, 1983.

23. Keystone International Dialogue on Plant Genetic Resources, Final Consensus Report of Third Plenary Session, Keystone Center, Colorado, May 31-June 4, 1991.

24. Genetic Resources Action International (GRAIN), "Disclosures: UPOV sells out," Barcelona, Spain, December 2, 1990.

25. Vandana Shiva, "Biodiversity, Biotechnology and Bush," *Third World Network Earth Summit Briefings* (Penang: Third World Network, 1992).

26. Vandana Shiva, "GATT and Agriculture," *The* [Bombay] *Observer* (1992).

27. Neil Postman, *Technology: The Surrender of Culture to Technology* (A. Knopf, 1992).

28. Peter Singer and Deane Wells, *The Reproductive Revolution: New Ways of Making Babies* (Oxford, England: Oxford University Press, 1984).

29. Phyllis Chesler, *Sacred Bond: Motherhood Under Siege* (London: Virago, 1988).

20. L. J. Taylor, quoted in David Coats, *Old McDonald's Factory Farm* (NY: Continuum, 1989), p. 32.

21. *Beyond Natural Selection.*

22. Mae Wan Ho, "Food, Facts, Fallacies and Fears" (paper presented at National Council of Women Symposium, United Kingdom, March 22, 1996).

23. Vandana Shiva, *et al.*, *Biosafety* (Penang: Third World Network, 1996).

24. Phil J. Regal, "Scientific Principles for Ecologically Based Risk Assessment of Transgene Organisms," *Molecular Biology*, Vol. 3 (1994): 5-13.

25. Elaine Ingham and Michael Holmes, "A note on recent findings on genetic engineering and soil organisms," 1995.

26. R. Jorgensen and B. Anderson, "Spontaneous Hybridization Between Oilseed Rape (Brassica Napas) and Weedy B. campestris (Brassicaceae): A Risk of Growing Genetically Modified Oilseed Rape," *American Journal of Botany* (1994).

27. Rural Development Foundation International Communique, United States, July/August 1996, pp. 7-8.

28. "Pests Overwhelm Bt. Corron Crop," *Science* 273: 423.

29. Rural Development Foundation International Communique, United States, July/August 1996, pp. 7-8.

30. The Battle of the Bean, "Splice of Life" (October 1966).

Chapter Three
種子と大地

1. Johann Jacob Bachofen, quoted in Marta Weigle, *Creation and Procreation* (Philadephia: University of Pennsylvania Press, 1989).

2. *Ibid.*

3. Claudia Von Werlhof, "Women and Nature in Capitalism," in ed. Maria Mies, *Women: The Last Colony* (London: Zed Books, 1989).

4. John Pilger, *A Secret Country* (London: Vintage, 1989).

5. *Ibid.*

6. *Ibid.*

7. Carolyn Merchant, *The Death of Nature: Women, Ecology and the Scientific Revolution* (New York: Harper & Row, 1980).

8. Vandana Shiva, *The Violence of the Green Revolution* (Penang: Third World Network, 1991). 『緑の革命とその暴力』浜谷喜美子・訳、日本経済評論社（1997）

Chapter Two
生命の創造と所有は可能か：生物多様性を再定義する

1. Andrew Kimbrell, *The Human Body Shop* (New York: HarperCollins Publishers, 1993).

2. *Ibid*.

3. Key Dismukes, quoted in Brian Belcher and Geoffrey Hawtin, *A Patent on Life: Ownership of Plant and Animal Research* (Canada: IDRC, 1991).

4. Vandana Shiva, *Monocultures of the Mind* (London: Zed Books, 1993).

5. Rural Development Foundation International Communique, Ontario, Canada, June 1993.

6. *New Scientist*, January 9, 1993.

7. Carolyn Merchant, *The Death of Nature: Women, Ecology and the Scientific Revolution* (New York: Harper & Row, 1980), p. 182.

8. Robert Wesson, *Beyond Natural Selection* (Cambridge, MA: The MIT Press, 1993), p. 19.

9. J. W. Pollard, "Is Weismann's Barrier Absolute?," in eds. M. W. Ho and P. T. Saunders, *Beyond Neo-Darwinism: Introduction to the New Evolutionary Paradigm* (London: Academic Press, 1984), pp. 291-315.

10. Francis Crick, "Lessons from Biology," *Natural History* 97 (November 1988): 109.

11. Richard Lewontin, *The Doctrine of DNA* (Penguin Books, 1993).

12. *Beyond Natural Selection*, p. 29.

13. Lily E. Kay, *The Molecular Vision of Life: Caltech, The Rockefeller Foundation and the Rise of the New Biology* (Oxford, England: Oxford University Press, 1993), p. 6.

14. *Ibid*., p. 8.

15. *The Doctrine of DNA*, p. 22.

16. *The Molecular Vision of Life: Caltech, The Rockefeller Foundation and the Rise of the New Biology*, pp. 8-9.

17. Roger Lewin, "How Mammalian RNA Returns to Its Genome," *Science* 219 (1983): 1052-1054.

18. Richard Dawkins, *The Selfish Gene* (Oxford, England: Oxford University Press, 1976). 『利己的な遺伝子』日高敏高・岸由二・羽田節子・垂水雄二・訳、紀伊國屋書店（1991）

19. Humberto R. Maturana and Francisco J. Varela, *The Tree of Knowledge: The Biological Roots of Human Understanding* (Boston, MA: Shambala Publications, 1992).

原注

Introduction
特許戦略による略奪行為：コロンブスの再来

1. John Locke, *Two Treatises of Government*, ed. Peter Caslett (Cambridge University Press, 1967).

2. John Winthrop, "Life and Letters," quoted in Djelal Kadir, *Columbus and the Ends of the Earth* (Berkeley: University of California Press, 1992), p. 171.

Chapter One
知識・創造性・知的所有権

1. Vandana Shiva, *Monocultures of the Mind* (London: Zed Books, 1993).

2. Robert Sherwood, *Intellectual Property and Economic Development* (Boulder, San Francisco, and Oxford: Westview Press).

3. *Ibid.*, pp. 196-97.

4. Emanuel Epstein, quoted in Kenneth Martin, *Biotechnology: The University-Industrial Complex* (New Haven and London: Yale University Press), pp. 109-10.

5. Martin Kenny, quoted in *Biotechnology: The University-Industrial Complex.*

6. Charles Darwin, *The Formation of Vegetable Mould Through the Action of Worms with Observations of Their Habits* (London: Marray, 1891).

7. David Ehrenfeld, *Beginning Again* (New York and Oxford: Oxford University Press, 1993), pp. 70-71.

訳者あとがき

この本に出会ったとき、私はその内容の凄さに身震いがする思いでした。現代社会における様々な巨大な社会問題──医療問題・環境問題・南北問題・食糧問題など──の根幹となる原因を理知的に考察し、さらに解決策までも提案している本は、世界広しといえども数えるほどしかないでしょう。しかも、権力側からの考察ではなく、常に民間の非権力者の立場から考察している著者の態度には、私は涙をそそられました。

この本は環境平和運動の最前線を行くバンダナ・シバの著『Biopiracy: The Plunder of Nature and Knowledge』の全訳です。彼女は資本主義社会の権力原理の実態を西洋における科学・資本・キリスト教に求めています。物理学者でもある彼女は、その知識を生かして、「科学社会体制そのものが権力に根差したものであって、科学を推進することは決して人類に平和を招くことはない」と断言します。私も分子生物学者として科学者のはしくれですから、この主張には心底から共感します。科学こそ平和の原動力だと思い込んでいる人々が多い中、自分の首を閉めるような科学否定論を唱えることは楽なことではありません。しかし、私は、科学者自身が唱える科学否定論こそが、最も説得力があるのではないかと思うのです。

＊＊＊

彼女の主張は、ちまたにあふれかえっている単なる個人的主張ではなく、社会学的分析結果に則ったものであることをここで強調しておきます。西洋においてのみ現代資本主義が発生したことの重要な理由として、西洋の宗教——特にプロテスタンティズム——が他の世界のどの宗教ともまったく異なっていることが挙げられます。このことは、歴史上最大の社会学者マックス・ウェーバーによる不朽の名著『プロテスタンティズムと資本主義の精神』によって如実に示されています。マックス・ウェーバーは西洋社会がなぜ、どのような歴史的背景を経て、他の社会とまったく異なった社会になったのかという視点から世界情勢を研究しました。そして、その中核に宗教の役割を見い出しています。同時に、彼は「社会科学」として客観性をもつ学問分野「社会学」を樹立しました。

そのウェーバーの思想を継承したのが、ポスト・ウェーバー時代の最大の社会学者ロバート・K・マートンです。彼は「科学社会学」を樹立し、コロンビア学派の全盛時代を築き上げました。現代科学は一見すると宗教と正反対のように思えますが、実は科学の起源もキリスト教に求めることができることを、マートンは如実に示しました。科学・資本主義・キリスト教の密接な関係が明らかになったわけです。

ウェーバーとマートンの歴史社会学的手法による社会分析は「社会学」として行なわれたものであって、人類の平和や幸福を追及する拠り所として研究されたわけではありませんが、結果的には人類のとるべきおそらく唯一の道を示してくれることとなったと私は考えています。現在の平和運動・環境保護運動には、これらの業績を踏まえた理論的枠組みが必要不可欠なのです。

『バイオパイラシー』にはウェーバーとマートンが直接引用されているわけではありませんが、もはや自明の真理として論じてあることがすぐにわかります。彼女が現代社会問題の根本原因を看破していることに疑いの余地はありません。そればかりではなく、解決案を明確に提示しています。さらに、西洋人の視点ではなく、自然とともに生きてきた地域固有の人々の視点から論じられているのです。

＊＊＊

分子生物学・遺伝子操作・バイオテクノロジーを駆使して農業を「進歩」させることは一見すると平和に貢献するように見えますが、実は環境破壊の根源として働いてきた巨大化学企業が利潤追求のために推進させている計画であることを、誰もが真剣に考えてみるべきです。農家や消費者の人々の健康や安全性はまったく考慮されていないのですから。実際、バイオテクノロジーは作物や家畜を短期間で巨大化させることに主眼がおかれており、安全性や生物多様性の保護についてはほとんど何も考慮されていないことを考えれば、その利潤追求性がすぐにわかります。味が悪いこともそのことを如実に物語っています。農薬・化学肥料導入の結果と同じことを繰り返そうとしているのです。

農薬による環境破壊・人体の健康破壊は、政府権力と結び付いた同じ巨大化学企業が進めてきたものです。その普及のたてまえは、農薬や化学肥料を使えば、生産効率を劇的に上げることができるというものでした。一年、二年単位でみれば、確かにそうでしょう。しかし、五年、一〇年単位でみれば、有機農法よりもはるかに劣ることが証明されています。味が格段に劣ることは、戦後の農薬・化学肥料の普及にともなって野菜や果物の味が落ちてしまったことを経験した人なら、誰でも知っているはずです。

このようなバイテク食品・医薬品・農薬・化学肥料の開発を推進してきた巨大企業は、「特許」を盾として莫大な利潤を得ています。特許の存在そのものが、このような人工化学物質化という環境破壊の直接の原因であるとこの本は説いています。そして、現在では、生態系の人工遺伝子化という危機も現実のものとなってしまいました。

この本で述べられている特許の問題は、面白いことに、米国の国内ですら、しばしば発生するようです。現代のバイオテクノロジーと分子生物学を飛躍的に進歩させたポリメラーゼ連鎖反応（ＰＣＲ）に関する特許は、世界指折りの製薬・バイテク企業であるロシュが買い取り、莫大な利潤をあげています。

しかし、ＰＣＲ法の確立には耐熱性ＤＮＡ複製酵素が必須でした。この酵素は米国のイエローストーン国立公園の温泉から採取された耐熱細菌のものです。イエローストーン国立公園側は、その環境保護に多大な努力をしているわけで、そのおかげで、耐熱性細菌を採取できる環境が残っているわけです。しかし、細菌採取を許可したイエローストーン国立公園側は、ＰＣＲに関してまったく利益の還元を受けていません。

これでは、略奪行為であると批判されても仕方ありません。環境保護による「資源保護」は、科学技術に資源を無償で提供したことによって、さらなる環境破壊の直接の原因ともいえる特許戦略を助長してしまうという皮肉な悪循環をつくってしまうことになるのです。米国内でも批判の多い生物関連の特許政策は、発展途上国と先進国のあいだでは、「静かな核爆弾」となってしまうことも想像に難くありません。

＊＊＊

日本はいわゆる「先進国」ではありますが、同時に非西洋社会的な基盤を持つ国でもあります。そのため、日本は西洋諸国からの圧力と日本的な考え方のあいだで政治経済的に常に揺らいでいます。韓国や台湾などの他の先進アジア諸国から「日本を見習え」と多少は尊敬されている反面、日本の資本侵略に憤りを感じているアジア諸国も多いことでしょう。

それは今始まったことではありません。明治維新に始まる、西洋に「追い付け追い越せ」という西洋至上主義、それにともなう地域固有文化の退廃、帝国主義政策、そして戦後のエコノミック・アニマルとしての日本人像などを考えると、日本の歴史は汚点だらけのように思えます。

日本はもっと独自の固有文化や思想を大切にしてもよかったのではないでしょうか。もちろん、現在の日本人の文化風習でもアメリカ人やイギリス人のものとはかなり異なりますが、明治以後、日本独自の文化は激減の一途をたどっていることは誰の目にも明らかなことです。

非西洋社会的な固有の知識・文化の再生に今努力しなければ、それは永遠に失われてしまうでしょう。地域文化・地域経済・地域固有の知識を今以上に重視し、西洋型資本主義との妥協・折衷案を模索し、欧米などに追随することなく、独自の道を世界に示すことが、西洋型文化と日本固有文化が共存する日本の使命ではないでしょうか。

＊＊＊

地域固有の文化や民間伝承の知識を大切にすることが、人類の平和と幸福につながることはこの本で論じられている通りですが、一般にはなかなか理解しがたいもののようです。わかりやすい例として、医療について考えてみましょう。

非常に「科学的」と言われる現代医学は人類の福祉に貢献していると信じている人はまだまだ多いようです。もちろん、現代医学がすべて社会悪であるわけではありませんが、新薬の生産は、それまで民間で行なわれていた非常に効果的なハーブ療法をほぼ完全に駆逐しました。では、新薬がハーブ療法よりも効果的な方法を提供したのでしょうか。そうではありません。治療効果はもちろん激減し、民間療法の威信は失われたばかりでなく、新薬による副作用による弊害が深刻な問題となってしまいました。

農業・食糧問題ではどうでしょうか。ハイブリッド・ライスを導入した「緑の革命」は資本家側からの「革命」であって、庶民の食糧難を増大させてしまったことは、この本で論じられている通りです。農薬・化学肥料開発も、五年、一〇年単位で考えると決して生産量を増大させることはなく、むしろ激減させ、さらに不毛の土地とするばかりでなく、新しい病害の発生、人体への悪影響、地球環境全体の汚染など、残されたものは深刻な問題ばかりです。

ハーブ療法、食事療法、伝統的な育児法、あるいは遊びの知識まで、現代科学の知識では達成することができないものが民間固有知識にあることを誰もが認識し、それを積極的に保存・発展させようとする心が、現在の地球規模の問題を解決するうえで必須なのです。

そのようなことを踏まえると、発展途上国への経済・技術・医療援助とは一体何なのか、考えさせられてしまいます。それは短期間だけでみれば人助けですが、長い目では、むしろ先進資本主義国の利潤のための「援助」にすぎません。新しい科学技術や商品の移入によって、その土地の伝統文化を有無を言わさず破壊してしまうからです。本当の援助は、その土地固有の文化・知識を守っていくための援助でなくてはならないのです。もちろん、いったん近代化してしまえば、完全に西洋型商業を無視して生きることは不可能でしょう。けれども、その土地の文化を破壊しない、共存方法を模索することは可能なはずです。

＊＊＊

現在は何事に関しても様々な意見が飛び交うため、価値観の多様化・相対化の時代などと現代を特徴付ける学者もいるようです。けれども、価値観の多様化のように見えるのは単なる情報量の多さにすぎず、その情報はほとんど同じ枠内のものばかりであることを知らねばならなりません。その証拠に、どのようにインターネットが発達しても、どのように文献の量が増えようとも、例えば、アパッチ族が伝統的に行なってきた効果的なガン療法についての詳細な情報を得ることはできません。それはほとんど地上から消滅してしまいました。半世紀前に比べてでさえ、世界的に単一文化となってしまっているのです。これは文化のみにとどまらず、環境破壊によって生物多様性までもが失われようとしていま す。

単一な文化や自然環境は退屈で面白くないと思うのは、私の個人的な意見ですが、多くの人もそう感じているはずです。喜ぶのはビジネス至上主義の人たちだけでしょう。単一文化では世界はすべて平坦になってしまいます。極端に単一な世界では、食べるものも世界中同じ、着ている服も同じ、生活習慣全般も同じ……。そして、農業形態から、ビジネス形態まで同じ。環境破壊が進んで、ついには生息している生物や地形までもがほとんど同じになってしまう……そんな世界を想像できますか。そして、そのすべてが、資本の吸収という権力のもとにあやつられた世界です。本当に退屈で面白くない世界としか言いようがありません。「国際化」や「グローバル化」という概念は、高貴な響きすら持っていますが、人類全体を不幸に陥れてしまう危険性を持っているのです。

＊＊＊

この本の日本語訳を契機として、環境・生命倫理・医療・科学・国際政治などをはじめとした社会問題をその根本原因から問い直した社会運動の気運がさらに高まり、日本をはじめ、世界情勢が少しでも破局への道から脱することを心から望みます。最後まで付き合っていただいた読者の皆様、本当にありがとうございました。

個人的なことで恐縮ですが、社会学や政治学に関するディスカッションの良きパートナーとなってくれた妻・百合子に感謝したいと思います。最後になりましたが、この本の内容を深く理解していただき、適切な編集をしていただいた高須次郎様をはじめ、この本の企画に携わっていただいた緑風出版の方々に心から感謝いたします。

イギリス・ケンブリッジにて

松本丈二

[著者略歴]

バンダナ・シバ（Vandana Shiva）

環境問題、女性解放問題、国際問題に関する世界でも最もエネルギッシュで挑発的な女性思想家のひとり。物理学者、環境科学者、平和運動家。1993年、もうひとつのノーベル賞としても知られているライト・ライブリーフッド賞を受賞。「科学・技術・環境科学のための研究基金」の理事を務める。『緑の革命とその暴力』（浜谷喜美子・訳、日本経済評論社）、『生きる歓び――イデオロギーとしての近代科学批判』（熊崎實・訳、築地書館）など多数の著書がある。

[訳者略歴]

松本丈二（まつもと　じょうじ）

筑波大学生物学類卒。マサチューセッツ大学アマースト校化学部卒。コロンビア大学大学院博士課程生物科学部卒（Ph.D.）。ケンブリッジ大学医学部研究員を経て、神奈川大学理学部生物科学科助手。専門は嗅覚の分子神経生物学。蝶を愛するナチュラリスト。著書に『自然史食事学』（春秋社）、『ホメオパシー医学への招待』（フレグランスジャーナル社）、訳書に『ガン代替療法のすべて』（三一書房）がある。

バイオパイラシー
―グローバル化による生命と文化の略奪――

2002年6月30日　初版第1刷発行　定価2400円+税

著　者　バンダナ・シバ
訳　者　松本丈二
発行者　高須次郎
発行所　緑風出版©
〒113-0033　東京都文京区本郷2-17-5　ツイン壱岐坂
［電話］03-3812-9420　［FAX］03-3812-7262
［E-mail］info@ryokufu.com
［郵便振替］00100-9-30776
［URL］http://www.ryokufu.com/

装　幀　堀内朝彦
写　植　R 企 画
印　刷　モリモト印刷　巣鴨美術印刷
製　本　トキワ製本所
用　紙　大宝紙業　E2000

Printed in Japan　ISBN4-8461-0210-6　C0036